基于复杂网络的气液两相流非线性动力学特性研究

孙庆明 著

哈尔滨工程大学出版社
Harbin Engineering University Press

内容简介

本书的主要内容是在对垂直上升管内气液两相流非线性动力学特性基本理论与实验、国内外最新研究成果分析研究的基础上，归纳总结了作者在气液两相流非线性动力学特性分析方面的研究成果，对目前正被逐渐接受并应用的基于复杂网络的动态特性研究方法进行了详细的介绍。书中重点介绍了作者对气液两相流态、流态演化及气泡聚并机制的研究工作。

图书在版编目(CIP)数据

基于复杂网络的气液两相流非线性动力学特性研究 / 孙庆明著. —哈尔滨：哈尔滨工程大学出版社，2023.7

ISBN 978-7-5661-4078-4

Ⅰ.①基… Ⅱ.①孙… Ⅲ.①气体-液体流动-两相流动-非线性力学-动力学-研究 Ⅳ.①O359

中国国家版本馆 CIP 数据核字(2023)第 143236 号

基于复杂网络的气液两相流非线性动力学特性研究

JIYU FUZA WANGLUO DE QIYE LIANGXIANGLIU FEIXIANXING DONGLIXUE TEXING YANJIU

选题策划 雷　霞
责任编辑 刘海霞
封面设计 李海波

出版发行 哈尔滨工程大学出版社
社　　址 哈尔滨市南岗区南通大街 145 号
邮政编码 150001
发行电话 0451-82519328
传　　真 0451-82519699
经　　销 新华书店
印　　刷 哈尔滨午阳印刷有限公司
开　　本 787 mm×960 mm　1/16
印　　张 7.75
字　　数 148 千字
版　　次 2023 年 7 月第 1 版
印　　次 2023 年 7 月第 1 次印刷
定　　价 79.00 元

http://www.hrbeupress.com

E-mail:heupress@hrbeu.edu.cn

前　言

气(汽)液两相流广泛地存在于自然界和工业生产过程中,实际的工程及理论研究表明,气液两相流动系统具有在结构和分布上的不均匀性,以及流动状态的非平衡性,而且在流动过程中,相界面的随机变动所引起的流型转化又与各相的物性、流量、流动参数、管道几何尺寸等因素密切相关,使得气液两相流研究成为热流体领域最具有挑战性的重要学科之一。气液两相流非线性动力学特性的研究是分析两相流体流动及传热不稳定性的重要依据。因此,气液两相流动的动力学特性的分析是当前两相流研究的重要方向之一。气液两相流作为一个复杂的非线性动力系统,其流动过程具有的动态性、非平衡性和复杂性,使得以近平衡态假设、线性化处理为前提研究两相流动问题的方法,还未能对其演化非线性动力学特性取得清楚的认识。

复杂网络作为一种研究复杂系统的工具,兴起于20世纪末。任何包含大量组成单元或子系统的复杂系统,当把构成单元抽象为节点、单元之间的相互关系抽象为边时,都可以当作复杂网络来研究。复杂网络理论在美国康奈尔(Cornell)大学的Watts和Strogatz关于小世界网络模型,以及美国圣母(Notre Dame)大学的Barabasi和Albert关于无标度网络模型的开创性工作之后,迅速引起了来自科学领域和应用学科,如物理学、生物学、社会科学、能源传输、电子科学和医学等研究人员的兴趣,并且这些研究人员在各自的研究领域取得了大量的研究成果,如WWW网络、交通网络、细胞蛋白质网络和新陈代谢网络等。

与时频域分析、混沌分形及吸引子形态描述等非线性分析方法相比,复杂网络理论不仅可以从气液两相流发展、演化的过程中反映出流动系统的结构特性和动态行为,还可以为气液两相流相界面间相互作用的机理与动力学特性的研究提供新的思想和理论。复杂网络理论在揭示蕴藏在复杂气液两相流动现象下的两相流动结构和分布方面显示出强有力的研究潜力及学术价值,其不仅可以对蕴含在时间序列中的重要信息进行挖掘,还可以对无法通过理论模型精确描述的复杂非线性的动力学系统进行研究。

本书正是基于这样的认识,以垂直上升管内气液两相流为研究对象,在采集气液两相流压差波动时间序列的基础上,采用复杂网络理论研究了气液两相流态、流态演化及气泡聚并机制等问题，并基于此对气液两相流动力学特性开展了研究。

研究取得的成果如下：

1. 针对垂直上升管内气液两相流动特征，提出了一种基于压差波动时间序列相似性的复杂网络构建方法。通过经验模态分解对气液两相流压差波动时间序列的能量特征的提取，获得了不同流型在不同时间尺度下的能量分布。在构建垂直上升管内空气-水两相流流态复杂网络的基础上，提出了一种基于吸引子传播（AP）聚类的社团结构划分方法，并通过该方法对垂直上升管内空气-水两相流的流态复杂网络社团结构进行了分析，获得了流态复杂网络中社团与不同流型的对应关系，从而识别出垂直上升管内包括过渡流型在内的五种流型。

2. 针对气液两相流流态演化过程的非稳态、非平衡及复杂性等特征，提出了一种垂直上升管内流态演化复杂网络构建方法。以垂直上升管内空气-水两相流动为研究对象，基于气液两相流流态演化过程动态迁移的相似性，构建并分析了对应于不同流型的流态演化复杂网络。发现垂直上升管内气液两相流的流态演化复杂网络呈现明显的无标度性和小世界性，不同流型对应的网络呈现不同的社团结构，并且网络的统计量与流型的演化过程相吻合，较好地揭示了垂直上升管内气液两相流流态演化的动力学特性。

3. 为了揭示气液两相流中气泡的聚并机制及其在相空间中的动力学特性，在相空间重构的基础上提出了一种基于关联维的相空间复杂网络构建方法，进而构建了流型相空间复杂网络。通过对不同动力系统对应的相空间复杂网络动力学特性的分析，发现在相空间不稳定周期轨道的吸引作用下，混沌动力系统对应的相空间复杂网络呈现明显的小世界性，其网络结构和统计参数与原系统的相空间动力学特性关系密切。在此基础上，通过分析垂直上升管内气液两相流的泡状流、塞状流和混状流对应的流型相空间复杂网络，发现流型相空间复杂网络的网络结构与垂直上升管内气液两相流的流动结构之间存在内在联系，并且网络密度对气泡的聚并现象比较敏感。流型相空间复杂网络的网络结构和网络密度可以较好地分析不同流型相空间中不稳定周期轨道的吸引特性，为揭示气液两相流中气泡的聚并机制提供了新视角。

全书共有 7 章，按内容分为两大部分：第 1，2，3 章为涉及本书主要内容的理论基础及气液两相流波动信息测试系统的构建，第 4，5，6，7 章为复杂网络模型构建、结果分析与讨论展望。

本书的特点在于书中涉及的研究成果，均来自研究者的实践，并具有扎实、深厚的理论基础。限于作者的学识水平和能力，书中定会存在不足之处，恳请读者和专家学者不吝赐教，批评指正。

著　者

2023 年 6 月

目　　录

1 绪　　论

1.1 研究背景与意义

多相流流动广泛存在于自然界和工业生产过程中,例如动力工程中锅炉蒸发管内的蒸汽-水两相流动,石油工程中油田采油井内的油水和气液两相流动,化学工程中物料运输管道和搅拌釜内的气液两相流动,水利工程中泥沙流动以及环境工程中烟尘对空气的污染等。随着多相流在科学研究、工业生产和环境保护中的重要性日益增加,多相流研究已成为国内外极为关注的前沿科学。气液两相流不仅是最常见、最复杂的多相流动形态,也是工程生产中需要研究和处理的最重要的多相流之一[1]。实际工程及理论研究表明,气液两相流动系统具有在结构和分布上的不均匀性,以及流动状态的非平衡性,而且在流动过程中相界面的随机变动所引起的流型转化又与各相的物理性质、流量、流动参数、管道几何尺寸等因素密切相关,使得气液两相流研究成为热流体学科最具有挑战性的重要学科之一。气液两相流动力学特性的研究是分析两相流体流动及传热不稳定性的重要依据。因此,气液两相流动的动力学特性的分析是当前两相流研究的重要方向之一。

在气液两相流动过程中,流动结构和耦合效应的复杂性使得气液两相流的研究面临着流动和传热过程的动态性、非平衡性和复杂性的挑战。传统的以准平衡态假设、线性化处理为前提的研究虽然取得了不少成果,但还存在许多理论和技术问题尚未解决。随着计算机科学的迅速发展,20 世纪 70 年代现代统计方法和系统辨识理论被应用于两相流学科的研究,它们为探索两相流动力学特性、流动不稳定性机理以及流型识别提供了新的理论和方法。在通过先进测试技术对气液两相流进行深入的试验研究的基础上,气液两相流的研究方法逐渐从传统的统计分析发展到由小波分析[2]、神经网络技术[3]、混沌分析[4]等,与高速摄影技术、层析成像技术[5]、计算机图像处理技术[6]等技术相结合的综合利用。上述方法虽然取得了很多研究成果,但由于气液两相流动过程中相界面间的运动非常复杂,目前气液两相流动系统数学模型的建立和求解还比较困难,特别是气液两相流流型的转化动力学机制至今还不是非常清楚。并且问题的关键还在于如何将试验数据处理结果与数学模型预测结果进行比较、检验,从理论上合理地揭示流型过渡的机理,从而获得可靠的数学模型及有实用价值的预测判据。研究表明[7-8],以传统的科学观念和方法对气液两相流问题特别是其流动结构的研究还没有取得突破性进展,需要引入新的理论和方法来认识气液两相流。

复杂网络作为一种研究复杂系统的工具,兴起于20世纪末。钱学森院士给出了复杂网络的一个较严格的定义,即具有自组织、自相似、吸引子、小世界和无标度中部分或全部性质的网络称为复杂网络。任何包含大量组成单元或子系统的复杂系统,当把构成单元抽象为节点、单元之间的相互关系抽象为边时,都可以当作复杂网络来研究[9]。复杂网络在美国康奈尔(Cornell)大学的Watts和Strogatz[10]关于小世界网络模型,以及美国圣母(Notre Dame)大学的Barabasi和Albert[11]关于无标度网络模型的开创性工作之后,迅速引起了来自科学领域和应用学科,如物理学、生物学、社会科学、能源传输、电子科学和医学等研究人员的兴趣,并且这些研究人员在各自的研究领域取得了大量的研究成果,如WWW网络[12]、交通网络[13]、细胞蛋白质网络[14]和新陈代谢网络[15]等。大量的研究成果[16-25]表明复杂网络理论在揭示蕴藏在复杂气液两相流动现象下的两相流动结构和分布方面显示出强有力的研究潜力及学术价值,其不仅可以对蕴含在时间序列中的重要信息进行挖掘,还可以对无法通过理论模型精确描述的复杂非线性的动力学系统进行研究。

与时频域分析、混沌分形及吸引子形态描述等非线性分析方法相比,复杂网络理论不仅可以从气液两相流发展、演化的过程中反映出流动系统的结构特性和动态行为,还可以为气液两相流相界面间相互作用的机理与动力学特性的研究提供新的思想和理论。

1.2 气液两相流流型

气液两相流流动作为一种高度非线性耗散的运动过程,其两相界面分布成的不同几何图形或不同结构形式被称为流型[26]。流型的确定不仅是所有气液两相流科学研究的前提,还是影响流动参数准确测量的重要因素。在气液两相流流动过程中,气相和液相的形变及两相界面的不断变化使得气液两相的分布状态也在不断改变。并且气液两相流流动演化过程还受管道几何尺寸、角度以及截面形状、加热状态、重力场、壁面及相界面间的剪切应力、工质的表面张力等因素的影响。因此,不同的研究人员对气液两相流流型进行研究时,从不同的角度给出了各自的流型定义和划分标准[27]。对于气液两相流的流型划分至今仍然没有一个统一的标准,Hewitt[28]对垂直上升管内气液两相流流型的划分和 Oshinowo[29]对水平管道内的气液两相流流型划分是目前较多采用的两种方式。

1.2.1 垂直上升管内流型划分

Hewitt 提出的垂直上升管内气液两相流流型的划分,如图 1.1 所示,从左到右依次为泡状流、塞状流、混状流、环状流和液丝环状流。

(1)泡状流(bubble flow),少量气体以不同尺度的小气泡随机离散地分布在自下而上运动的连续液相中,气泡尺寸随气体流量的增加而逐渐增大,如图 1.1(a)所示。

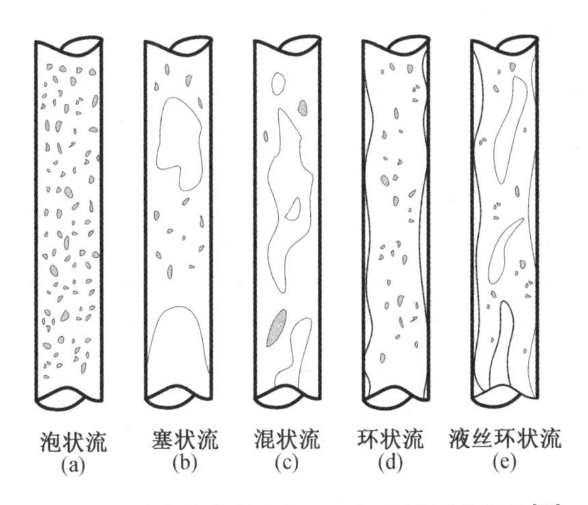

图 1.1 垂直上升管内气液两相流流型的划分[28]

(2)塞状流(slug flow),随着气体流量的增加,空泡份额随之提高,分布在液相中的小气泡聚并为大气泡,并拉长成形状为接近管道内径的子弹形或塞子形,大气泡与管壁间有液膜存在,并被弥散着小气泡的液体段所隔开,如图 1.1(b)所示。

(3)混状流或乳沫状流(churn flow),随着气体流量的继续增加,气液两相的体积达到相同数量级,接近管道内径的大气泡破碎并与液相混合,大量呈撕裂网状的气泡包含于液体中,而一些小液滴又存在于较大的气泡中,气体与液体相互纠缠搅拌在一起成为不稳定的湍动混合物,如图 1.1(c)所示。

(4)环状流(annular flow),随着气体流量的进一步增加,大气泡的聚并使得气相在管道中心形成柱状流动,并夹带有小的液滴,而液相以含有小气泡的液膜形式在贴壁面上流动,如图 1.1(d)所示。

(5)液丝环状流(wispy-annular flow),随着气体流量的再次增加,管道中心的气柱不断增大,气核中夹带的液滴转变成细小的雾状液体团或不规则的长纤维状液滴,贴在壁面变薄的液膜继续向上流动,如图 1.1(e)所示。

1.2.2 水平管内流型划分

水平管内的气液两相流,由于受重力作用而产生相对不对称性,较重的液相有聚集在底部的趋势,导致水平管内的流型较垂直管内的更复杂。Oshinowo 对水平管道内的气液两相流流型划分如下[27](图 1.2)。

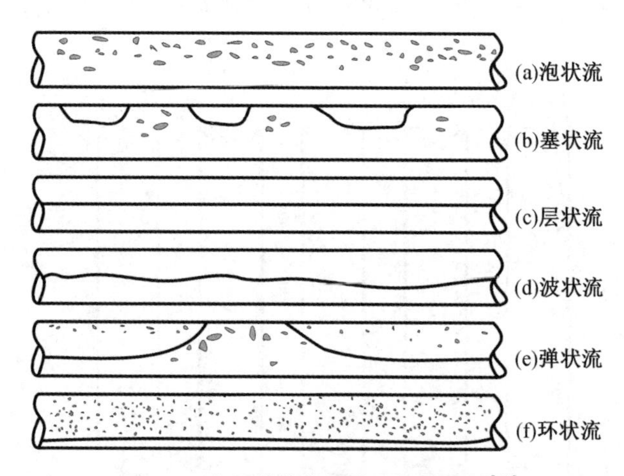

图 1.2 水平绝热管气液两相流流型[29]

(1)泡状流(bubble flow),此时空泡份额较低,气相以离散的小气泡的形式散布在连续的液相中,气泡在管道上部有聚集的趋势,如图 1.2(a)所示。

(2)塞状流(plug flow),随着气体流速的逐步增加,小气泡开始聚并为大气泡分布在连续的液相中,大气泡趋向于沿管道上部流动,并且在大气泡之间还存在一些小气泡,如图 1.2(b)所示。

(3)层状流(stratified flow),在气相和液相的流速都较低时,由于受重力和密度不同的影响,一层较光滑的分界面将气相和液相流动分开,使得气相在管道上部、液相在管道下部分开流动,如图 1.2(c)所示。

(4)波状流(wavy flow),气体流速的增加,使得气液分界面上产生了扰动,受到沿流动方向运动的波浪影响，气液分界面变得波动不止，如图 1.2(d)所示。

(5)弹状流(slug flow)，随着气体流速的再次增加，管内上部壁面与分界面激荡的波浪被接触，形成沿管道高速向前推进的气弹，气弹顶部与管壁面接触，并与液体隔开串联排列，如图 1.2(e)所示。

(6)环状流(annular flow)，随着气体流速的进一步增加，液相以液膜的形式贴在管壁上流动，但液膜分布不均，靠近管道底部比较厚，并且在气芯中夹杂着液滴，如图 1.2(f)所示。

1.3　气液两相流流型识别研究现状

气液两相流学科的形成和发展与工程技术的进展密不可分，发展到现今，管内气液两相流流型识别方法可以分为流态图、直接识别和间接识别三大类，如图 1.3 所示。

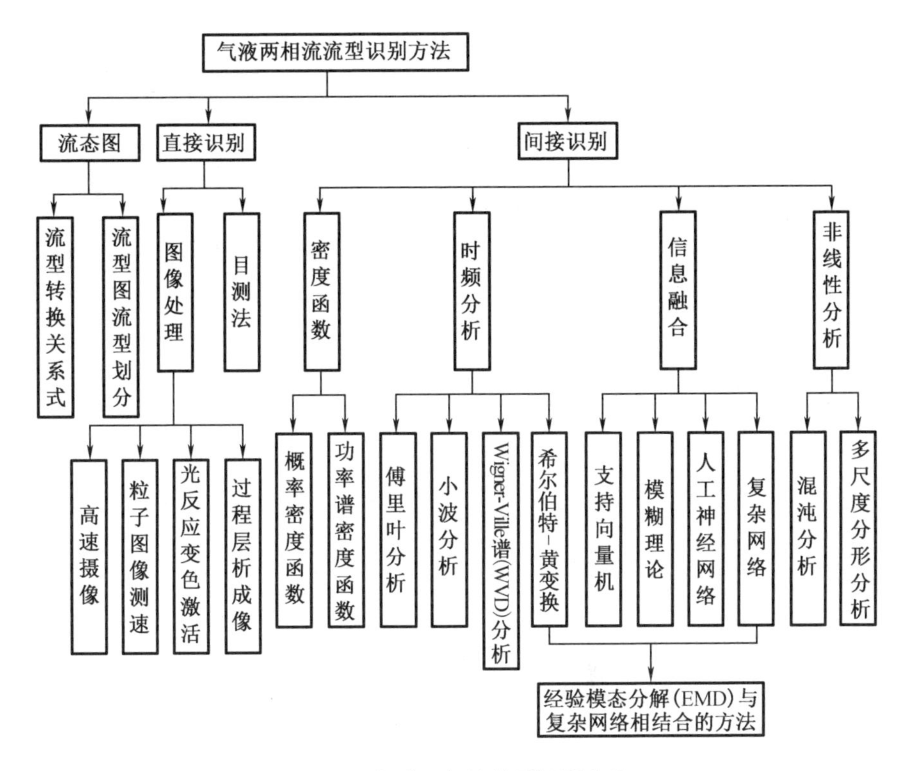

图 1.3　气液两相流流型识别方法

流型图或流型转换关系式的建立为气液两相流的研究奠定了理论基础,但由于其不能准确获取流动过程的实时信息以了解流型对系统状况的影响,使得这种方法在实际工业生产中的应用受到了很大的限制。随着科学技术的发展,大量的先进仪器设备以及信息处理技术被应用于管内气液两相流流型识别的研究中。根据工作原理的不同,流型识别方法又可分为直接和间接识别两大类。直接识别法(如目测法、高速摄像法、粒子图像测速法(PIV)、过程层析成像法等)指的是根据两相流流动图像,观察或测量识别流型的方法;而间接识别法则是以能够反映两相流流动特性的波动时间序列为对象,通过分析提取两相流流动特征量,获取流体动力学信息进而实现对流型进行识别和动力学特性研究的方法。

1.3.1 气液两相流流态图法

流态图法是目前在试验研究和工程应用中应用最广泛的流型识别方法。各国学者根据对两相流流动机理的试验与分析,提出了各种各样适用于不同流动条件下的流型图。比较有代表性的有 Backer[30]、Gtiffith 等[31]、Hewitt 等[32]、Mandhane 等[33]、Taitel 等[34]、Weisman 等[35]、Spedding 等[36]、Barnea[37-38]、McQuillan 等[39]、Lin 等[40]、Ewing 等[41],其中 Backer 的水平管内流型分界图以及 Hewitt 和 Robert 的气液两相流垂直上升管内流型分界图如图 1.4 所示,是目前国内外公认的具有一定普适性的两种流态图。

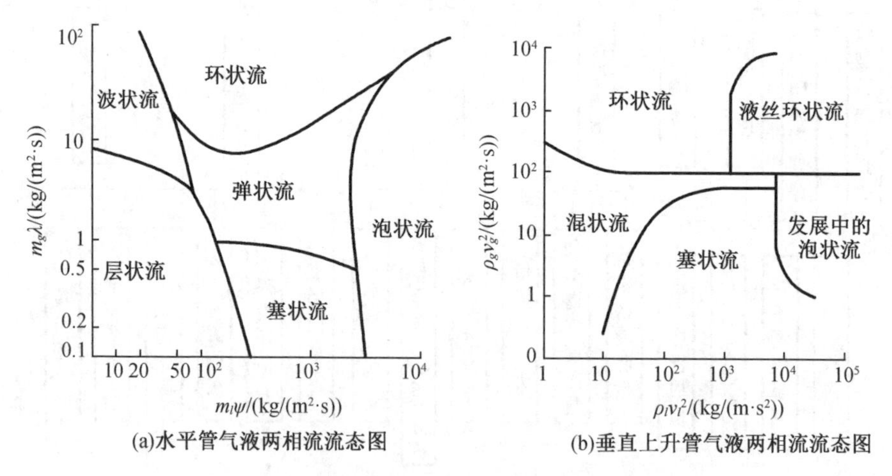

图 1.4 水平管与垂直上升管气液两相流流型图[30-32]

此外在流型转换关系式和理论模型的预测中,Moissis[42] 利用 Kelvin-Helmholtz 不稳定性判据,对弹状流向环状流转换的条件进行了分析研究,从理论上给出了两气弹之间液膜的稳定界限条件。基于流体黏性的 Kelvin-Helmholtz 不稳定性判据,Barnea[43]在对气液两相流进行分析后,指出层状流向塞状流的转换与黏性流体不稳定条件没有直接关系。Walls[44]在提出的一维两相波动理论的基础上,指出两相流动的稳定性、流动结构的多样性直接取决于两相相界面的声振荡、表面张力、重力波和密度波的传递及相互作用,进而利用液阻机理对弹状流向环状流的转换,以及环状流向液丝环状流的转换进行了研究并给出了相应的转换判据。李广军[45]的研究指出界面波失稳是形成液塞的主要因素。Golan 等[46]在对混状流进行研究的基础上给出了相应的流型转换判据。Weisman 等[47]在前人研究的基础上,提出了泡状流向弹状流转换、波状流向层状流转换以及层状流向间歇流转换的判据。Taitel 等[48]基于大量的试验研究,给出了不同流型间转换的边界条件,并指出垂直管道内气泡的聚并是引起的泡状流向塞状流转换的主要因素,而高速气体则是弹状流向环状流转换的主要原因。Chen 等[49]从物理机理的角度对弹状流向混状流转换过程进行了分析并给出了相应的判据。Oddie 等[50]在分别对水平、倾斜和垂直管道内气液两相流的流型以及流型间的转换进行研究后,发现气液两相流动在水平管内和倾斜管内的流型分布明显不同。刘夷平等[51-52]通过对水平管内伪塞状流和塞状流进行研究发现,Walls 的一维波模型只是塞状流出现的必要非充分条件,其后他们又对水平管内气液两相流分层流剪切应力进行了不确定分析,进而提出了一个基于两相各流体特征参数的关联式。

虽然气液两相流流态图和转换关系式的研究取得了大量的成果,但对气液两相流动力学特性的研究还存在以下几点不足:

(1)由于流型的定义是建立在研究人员观察的基础上的,因此不可避免地会受到主观因素的干扰。并且对流型的判别只能是定性的,迄今为止还没有公认的定量判别方法。客观地建立统一的流型定义与转换准则依旧是气液两相流研究的重要方向。

(2)在绝大多数流态图或流型转换关系式中,气相或液相的表观速度是决定流型的主要参数,而其他影响流型形成的因素,目前还未得到充分的体现。并且受不同流动工况条件下流体参数以及两相流动的复杂性的影响,通过单一的数学模型来刻画或区别所有流型几乎是不可能的,迄今为止已发表的两相流理论模型都存在一定的局限性,还难以获得一个普适的理论模型。

(3)对流型转变机理的认识目前还不是十分的透彻,不同研究人员所建立的流态图或流型转换关系式都存在一定的偏差,而且获得的结论也不尽相同。对流型产生机制的研究还处于半理论半经验阶段,需要从新的角度去认识气液两相流流型的特征。

1.3.2 气液两相流流型直接识别

通过气液两相流的流动形态直接确定流型的流型识别方法称为直接识别法,其主要包括目测法和图像处理法(如高速摄像法、粒子图像测速(particle image velocimetry,PIV)法、光反应变色激活(photochrmic dye activation,PDA)法和过程层析成像(process tomography,PT)法)。目测法是最简单的直接识别方法,但是受人类生理和主观因素的影响,其无法做到对流型客观、高速的识别。尽管如此,目前所有的流型识别方法最终都要通过对比目测结果来验证其有效性。因此,目测法是一种定性的流型识别方法。

图像处理法的简要总结如下。

1. 高速摄像法

高速摄像法是指通过高速照相机或摄像机,获取透明管段或窗口处流体的流动状态,直观清晰地观察流态图像的方法。通过高速摄像法获取的图像通常被当作流型参考的标准图像,其系统原理如图 1.5 所示。Fourar 等[53]在通过高速摄像机获得水平窄管内的气液两相流流型图像的基础上,利用图像处理技术对气液两相流的流型结构进行了试验研究。Dinh 等[54]通过高速摄像技术对垂直管内的泡状流和弹状流进行了识别,并对这两种流型中气泡边缘的尺寸进行了计算。Fore[55]在对通过高速摄像机获取的氮-水两相流环状流图像的动态变化进行分析的基础上,对氮-水两相流的环状流中液滴的尺寸进行了测量。施丽莲等[56]通过将高速摄像技术获取的气泡特征与模糊识别技术相结合实现了对水平管道中气液两相流流型的识别。王振亚等[57]通过高速摄像技术对气液两相流流型的时空演化特性进行了分析。周云龙等[58]通过在高速摄像机对小通道内气液两相流流态进行拍摄和采集图像的基础上,提出了一种基于图像处理的弹状流体积空泡份额测量方法。

2. PIV 法

PIV 法是指基于示踪粒子对光的散射作用和对流场的跟随性,利用高速摄像机获取示踪粒子的光学图像,进而获取流场中各点的速度矢量的方法,其系统原理如图 1.6 所示。Chen 等[59]在利用 PIV 技术获取气液两相流中气泡速度场图像的基础上,提出了一种液相流场估算算法。Lindken[60]在利用 PIV 技术对水中气泡运动速度场进行分析的基础上,为由气泡运动产生的非紊流运动研究提供了依据。许联峰等[61]利用 PIV 技术对气液两相流中气泡运动的速度场进行了研究,进而获得了其速度场的分布情况。万甜等[62]利用 PIV 技术对曝气池中气液两相流的流动特性进行了研究。Unadkat 等[63]在利用 PIV 技术对斜叶涡轮桨的固-液悬浮搅拌过程进行大量试验研究的基础上,给出了液相在不同固体颗粒浓度下湍流平均流场、动能分布场以及动能耗散率的分布情况。周云龙等[64]利用数字粒子图像测速(DPIV)技术对气液两相流在管道中不同位置分布情况进行了研究,进而指出气液两相界面波和气泡分布散落状态对流动有较大的影响。刘赵淼等[65]利用PIV技术对Y形微通道内液滴的形成机制进行了研究分析。

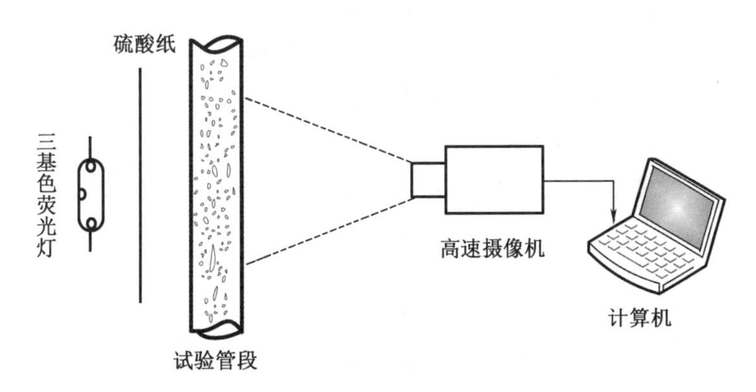

图1.5　高速摄像法系统原理图

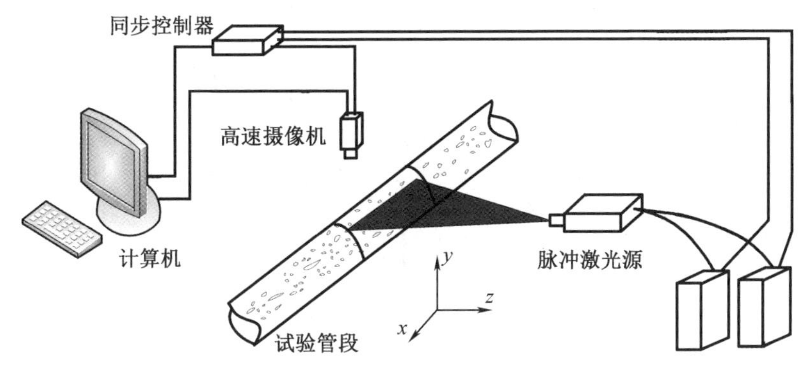

图1.6　PIV法系统原理图

3. PDA法

PDA法与PIV法基本相同,不同之处在于其示踪粒子为分子,可以将其看成一种特殊的粒子成像技术。PDA技术最早由Popvich等[66]提出,并被应用在流型结构与演化规律的分析中。Kawaji[67]对PDA技术在多相流中的应用情况进行了详细的介绍。王磊等[68]采用PDA技术对有旋气固两相流进行试验研究,获得了气固两相的速度和湍动能、颗粒粒径和浓度的分布规律。苏亚欣等[69]利用PDA技术对方形水平管内的气固两相流进行了试验和分析,并对不同工况下的主流方向的平均速度和湍流强度进行了讨论。

4. PT 法

PT 法指的是在对重建图像信息分析的基础上，通过与不同时刻下重建图像信息的对比，获取被测管道内某一截面上的气液两相分布情况的方法，其系统原理如 1.7 所示。过程层析成像又分为电阻层析成像(electrical resistant tomography, ERT)和电容层析成像(electrical capacitance tomography, ECT)两类。在两相流的研究中，特别是在两相流动力学特性分析以及参数检测等方向上，过程层析成像法的应用前景非常广阔。Makkawi 等[70]在将电容层析成像与压力测量相结合的基础上，对流化床内两相流不同流型进行了分析后，获得了不同流化区域的具体特征和流型的转化速度。董峰等[71]基于电阻层析成像技术对水平管内气液两相流的流型进行了识别。Wang 等[72]利用电容层析成像技术对水平气体射流和气固混合射流对床层的影响进行了研究。杜运成[73]利用电容层析成像技术对水平管道内气液两相流的流型及其流动特性进行了研究和分析。薛倩[74]利用双截面电容层析成像技术对粉煤气力运输过程中气固两相流速进行了测量。王献涛[75]利用电阻层析成像技术对微通道内气固两相流检测进行了研究。

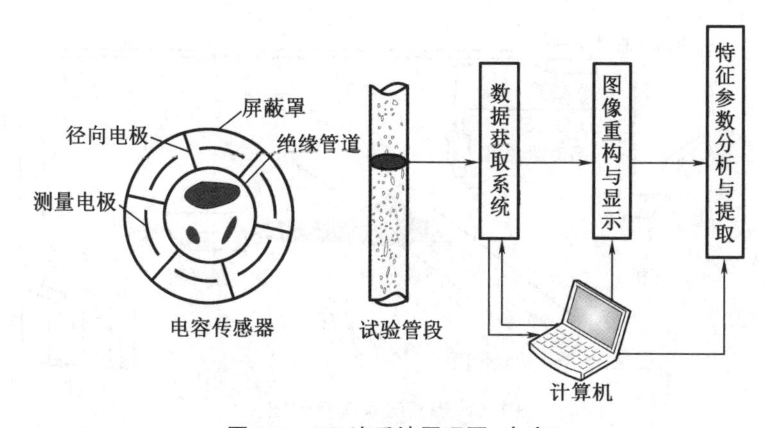

图 1.7　PT 法系统原理图(电容)

1.3.3　气液两相流流型间接识别

气液两相流流型间接识别指的是通过对反映两相流流动特性的流动参数时间序列进行研究，获取其动力学信息从而间接确定流型的方法。间接识别法主要包括频域/幅值域分析、时频域分析、信息融合分析和混沌分析四个大类。

1. 频域/幅值域分析

频域/幅值域分析指的是通过对流动参数的波动时间序列进行统计处理，

从而获得反映流动参数变化规律的方法,其中概率密度函数(probability density function, PDF)和功率谱密度函数(power spectral density function, PSD)是两种最常用的统计参数。在气液两相流动过程中,流动参数呈现出的统计规律与流动演化过程密切相关,因此可以通过对气液两相流流动参数的波动时间序列,如局部空泡份额、压力、压力降、电导率、电容等在幅值域上的统计处理,实现对流型、流量、空泡份额和气泡直径等参数的识别和检测估计。Hubbard 等[76]将水平管内气液两相流壁面静压力波动时间序列的 PSD 分析结果用于流型识别,进而实现了对离散流、弥散流和断续流的定量识别。Jones 等[77]在利用射线衰减技术对垂直管内空气-水空泡份额进行测量的基础上,通过对垂直管内空气-水空泡份额波动时间序列进行 PDF 分析后,发现不同流型的幅值分布不同从而实现了对垂直管内空气-水两相流的流型识别。Matuszkiewicz 等[78]利用 PDF 对气液两相流中泡状流向塞状流的转换过程进行了分析和预测。周云龙和孙斌[79-80]研究了倾斜向下管和水平管内气液两相流流型压差波动时间序列的 PSD 特征和 PDF 特征。Xiao 等[81]利用水平管内气液两相流的 PSD 特征和 PDF 特征,实现了对层状流、塞状流和环状流的识别。白博峰等[82]通过分析 U 形管垂直上升段内气液两相流压差波动时间序列的统计和分形特征后,发现不同流型的压差波动过程的 PSD 和 PDF 差异并不十分明显,如图 1.8 所示。需要指出的是 PSD 分布不完全取决于流型,而是受流体流动速度的影响较大,这使得 PSD 分析法的应用范围受到了很大的限制,尽管如此,PSD 分析法在预估流型转换上还是非常有效的[83-85]。

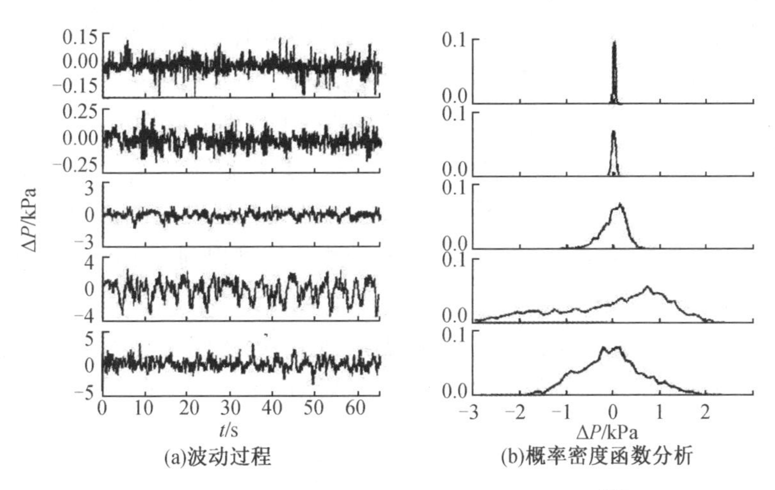

图 1.8 不同流型压差波动及其统计分析[82]

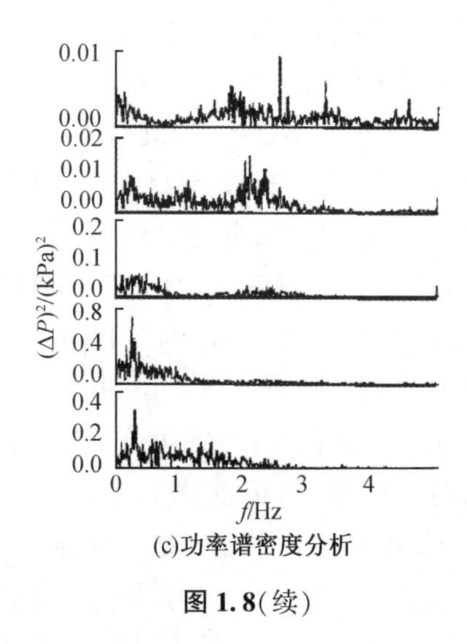

(c)功率谱密度分析

图 1.8(续)

2. 时频域分析

气液两相界面的可变性及其相界面间运动的复杂性,使得气液两相流动过程呈现明显的非线性特征,频域/幅值域分析法在分析气液两相流动时需要对流动过程进行平稳和线性的假设,因此应用于分析非线性的气液两相流动过程存在一定的局限。随着科学技术的发展,基于现代随机信号处理技术,如小波分析、Wigner-Ville 谱分析和希尔伯特-黄变换等分析方法被引入两相流的研究中,并大量用于流型识别和动力学特性分析中。

(1)小波分析

Bakshi 等[86]在利用小波分析对气液两相流局部空泡份额时间序列进行分析的基础上对气泡流的转变进行研究后,指出气泡流的空泡份额时间序列频率分布的不连续变化与流型转变过程密切相关。陈珙等[87]利用小波分析分别对水平管和倾斜向上管内的气液两相流的流型进行了识别。Elperin 等[88]利用小波分析对垂直文丘里管内气液两相流的泡状流、塞状流、混状流和环状流进行了识别。黄竹清[89]在利用小波分析对垂直上升管内气液两相流流型压差波动时间序列进行分析的基础上,以 Lipschitz 指数作为流型识别准则实现了对泡状流、间歇流和环状流三种流型的识别。孙斌等[90]利用小波分析对水平管内气液两相流的流动机理进行了研究。方丽德[91]利用小波分析对垂直管内气液两相流的流型特征参数进行了提取,进而实现了对泡状流、弹状流、环状流以及乳沫状流的识别。

(2)Wigner-Ville 谱(WVD)分析

Winger-Ville 谱作为一种分析非平稳时间序列的方法,已在时间序列处理领域获得了广泛的应用,但是在两相流研究上的应用还不是很多。He 等[92]和黄海等[93]在分别对气固流化床压力波动时间序列进行 Wigner-Ville 谱分析后,指出 Wigner-Ville 谱具有比传统的功率谱主频更多的统计重复性,可以更准确地反映气泡相的特性。劳力云[94]在对水平管内空气-水两相流流型压差波动时间序列的 Wigner 谱进行分析后,发现泡状流、塞状流和弹状流的 Wigner 谱分布明显不同。孙斌等[95]在利用 Wigner 谱分析对水平管内气液两相流间歇流压差时间序列进行分析的基础上,获得了宏观相似压差波动时间序列细节上的差异。金宁德等[96]在利用 Wigner-Ville 谱分析对垂直上升管内不同流型的电导波动时间序列进行研究的基础上,发现了提取的 Winger-Ville 谱特征与流型的对应关系。

(3)希尔伯特-黄变换分析(HHT)

美国航天航空局的 Huang 在 1998 年提出的希尔伯特-黄变换[97]是一种处理非线性、非平衡时间序列的方法,与小波分析的主要区别在于其基函数不需要预先设定而是通过自身获取的。Ding 等[98]利用 HHT 对水平管内气液两相流压差波动时间序列进行分析后,获得了流型转换与不同频段的能量分布之间的关系。Sun 等[99-100]在对水平管内气液两相流压差波动时间序列进行 HHT 的基础上,实现了对泡状流、塞状流和弹状流三种流型的识别,并且证明了 HHT 是一种有效地处理非线性、非平衡时间序列的分析方法。孙斌等[101-102]在利用 HHT 对水平文丘里管内油水两相流压差波动时间序列特征值进行提取和滤波的基础上,对水平文丘里管内两相流的流型进行了识别。Lu 等[103]利用 HHT 对流化床气固两相流流型进行定量分析后,指出气固两相流流型的压力波动时间序列能量分布与流型转换密切相关。

3. 信息融合分析

近年来随着基于支持向量机(support vector machine, SVM)、模糊理论以及人工神经网络等信息融合分析技术在两相流流型识别上的应用,对两相流流型识别的研究工作取得了很多进展。Tan 等[104]利用 SVM 技术对气液两相流的流型进行了识别。周云龙等[105]提出了一种基于图像灰度共生矩阵和 SVM 技术相结合的气液两相流流型在线识别方法。Qi 等[106]、Ji 等[107]分别利用经验模态分解法(empirical mode decomposition, EMD)和 SVM 技术相结合的方法对气液两相流的流型进行了识别。Wang 等[108]提出了一种基于 SVM 和 ECT 的气固两相流识别方法。Corre 等[109]利用模糊理论对水平管内气液两相流流型进行了识别。孙涛等[110]以香农熵和阈值熵作为水平管内气液两相流流型识别的特征量,提出了一种基于模糊逻辑的信息融合气液两相流流型识别方法。Rahmat

等[111]提出了一种基于模糊逻辑与电动式传感器的气动运输系统流型识别方法。Mi 等[112]、Yan 等[113]、Sharma 等[114]、周云龙等[115]、Tambouratzis 等[116]、Hu 等[117]和 Ghosh 等[118]分别采用不同类型的人工神经网络对气液两相流流型进行了识别。

4. 混沌分析

从非线性动力学理论角度出发,国内外的研究人员对于气液两相流自组织模式演化机制等进行了大量的研究。Daw 等[119-121]通过混沌分析对气液两相流混沌时间序列进行试验研究和分析后,获得了气液两相流的相空间混沌吸引子。顾丽莉等[122]在对垂直上升并流管内气液两相流的压力波动时间序列进行混沌分析的基础上,指出气液两相流的压力波动时间序列特征由对应于大气泡运动或大尺度气液波动的低频成分和对应于液体脉动或界面湍动的高频成分两部分组成,对于不同流动条件下的流动体系,其流型特征相关分形维和 Kolomogorov 熵均有明显变化。金宁德等[123-128]分别利用分形维数、混沌吸引子、复杂性测度、多尺度递归定量和多尺度熵对两相流非线性动力学特性进行了深入研究。孙斌等[129]通过混沌分形理论对水平管内分层流、泡状流、间歇流和环状流的压差时间序列进行了分析,发现混沌吸引子可以表征气液两相流系统的动力学行为。李洪伟等[130]在通过 EMD 分解对气液两相流型的压差波动时间序列进行处理的基础上,通过混沌分析对不同流型的压差波动时间序列的混沌动力学行为进行了研究。白博峰等[131]和杨靖等[132]分别通过混沌分形理论对气液两相流压力/压差波动时间序列进行了分析,并在重构的相空间中清晰地再现了气液两相流的动力特性,证实了气液两相流中混沌现象的存在,如图 1.9 所示。He 等[133]利用混沌分形理论对三相鼓泡床内流型压力脉动时间序列转变进行分析后,获得了混沌参数随气相表观速度变化的曲线图。洪文鹏等[134]在对两种节距比管束间不同流型的压差波动时间序列进行复杂性测度特征值提取的基础上,对两种复杂性测度随气相折算速度变化的动力学特性进行了分析,进而研究了典型流型下压差波动时间序列的混沌吸引子形态特征表征气液两相流流型的能力。孙斌等[135]在对气液两相流泡状流的非线性、非均匀性和混沌特性机制进行多尺度分型分析基础上,指出压差波动时间序列各尺度的能量分布主要体现了微尺度下气泡间的相互作用。赵俊英等[136]提出了一种混沌时间序列高维相空间多元图重心轨迹动力学特征提取方法并将其应用于气液两相流的流型识别中。

虽然上述的研究工作取得了大量的成果,但是大多数的研究都集中在气液两相流流动特征量的提取、流动特征量与信息融合技术的结合以及对流型非线性宏观特性的表征上,而对气液两相流的流动机制、两相界面间相互作用的机理以及非线性动力学特性还缺少深入的研究。

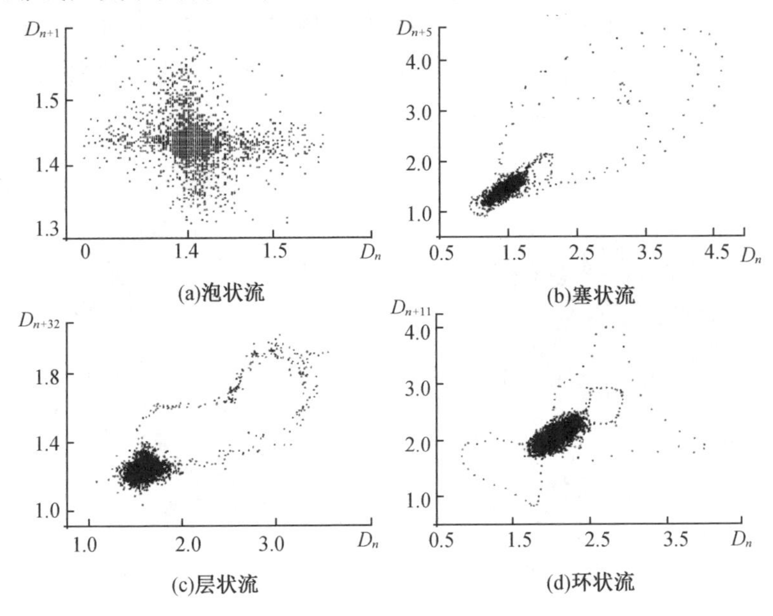

图 1.9 水平管内气液两相流流型重构相空间的二维 Poincare 图[132]

1.4 复杂网络及其在多相流领域的应用进展

复杂网络理论源于图论、复杂系统和统计物理的研究。复杂网络作为一种研究实际复杂系统的方法和工具,其关注的是系统中组成单元以及各单元之间的相互关系。在 Watts 和 Strogatz、Barabasi 和 Albert 分别揭示了复杂网络的小世界特征和无标度性之后,引发了科学界关于现实世界复杂网络结构及其动力学的研究热潮,受到来自许多科学领域,如系统学、社会学、力学、物理学、数学、计算科学、管理学、经济学等,以及许多应用学科,如能源传输、通信工程、交通运输、医学等研究人员的广泛关注。尤其是使得统计物理学家认识到实际系统使用网络描述的重要性,以及网络描述作为复杂系统研究工具的可能[137]。复杂网络的结构如图 1.10 所示。

1.4.1 复杂网络的主要研究内容

进入 21 世纪以来,随着以还原论和整体论相结合的复杂性科学的兴起,复杂网络的理论研究和应用研究得到了快速的发展。新模型和新现象的不断涌现对复杂网络理论和应用提出了新的挑战。对复杂网络定量或定性以及其相关规律的研究,已经渗透到如数理学科、生命学科和工程学科等众多不同的领域中。随着研究的深入,网络结构及其统计性质、网络演化模型和网络上的动力学已成为目前复杂网络研究的三大热点。

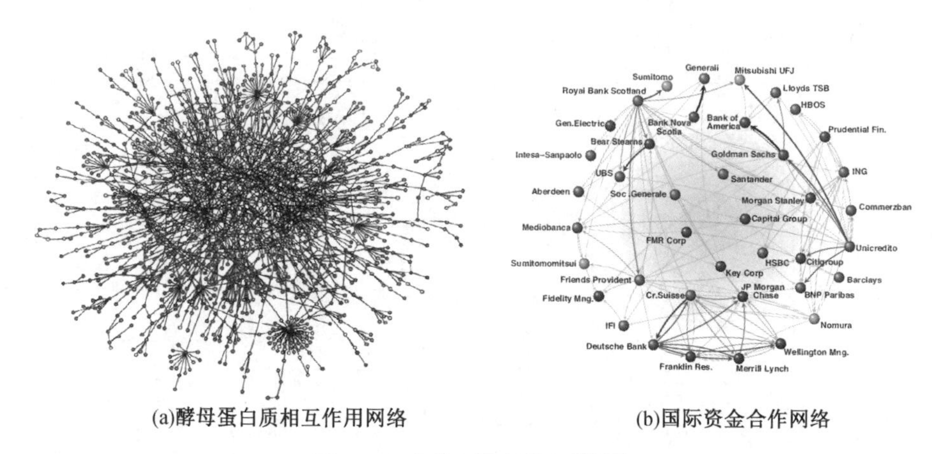

(a)酵母蛋白质相互作用网络　　(b)国际资金合作网络

图 1.10　复杂网络结构图[14,138]

1. 网络结构及其统计性质

在复杂网络的小世界性和无标度性被提出后,不同领域的研究人员对如 Internet 网[139-142]、万维网[143-144]、电力传输网[145-147]、铁路网[148-149]、交通流网[150-154]、新陈代谢网[155]、蛋白质网络[156-158]、海洋食物网[159]、神经元网络[160]、大脑功能网[161-163]、科研合作网[164-167]电子邮件网[168-169]、微博关系网络[170]等现实网络的结构和性质进行了分析。发现除在度分布、平均路径和聚集系数等基本网络特征之外,还存在着许多新的网络特性可以更深层次地揭示刻画网络系统结构的统计性质,以及度量这些性质的合适方法[171-180]。

2. 网络演化模型

通过分析现实网络的统计性质,概括出现实网络的共同特性,从而建立与现实网络有相同或类似性质的网络模型,以实现对各种现实网络宏观统计性质或微观生成机制的意义与产生机理进行研究。在 ER 模型、小世界模型和无标度模型被提出之后,在许多不同的研究领域,新的网络模型被相继提出,如基于部分优选、部分随机的网络演化模型[181],局域世界模型[182],BBV 模型[183],可调集群系数的 HK 模型及其改进模型[184],JGN 社会网络模型[185]和自组织耦合演化模型[186]等。周涛等[187]提出的随机阿波罗网络模型,将随机化过程引入到阿波罗网络,使其成为一种最大可平面网络。

3. 网络上的动力学

在复杂网络上发生的动力学过程被称为复杂网络上的动力学,通过研究分析现实复杂网络上的动力学过程的行为,以反映现实网络的特性或功能。最近几年,在复杂网络上的动力学行为方向上的研究取得了很大的进展,如复杂网络的同步性[188-189]和鲁棒性[190],小世界网络的混沌分形动力学[191-195]、自组织临界[196-199],网络传播机理、随机共振现象耦合振子的同步[200-204]和控制[205-208]以及网络上的物理传输过程[209-210]等方面,表明网络拓扑结构对网络动力学性质的影响已成为复杂网络研究的主要方向之一。在香港科技大学的张捷与Small[211]指出复杂网络可以作为一个有效的载体用于分析非线性时间序列的动力学特性之后,基于时间序列的复杂网络动力学研究已经成为复杂网络研究的又一热点方向。Yang 等[212]在利用相关函数从金融时间序列中构建金融复杂网络的基础上,对其进行了相应的动力学特性分析。Marwan 等[213]、Donner 等[214-215]和 Avila 等[216]对非线性时间序列的递归网络分析法进行了较为全面的总结和评述。Zhou 等[217]利用多重分形和可视图法在复杂网络中对蛋白质分子时间序列动力学特性进行了研究。Xu 等[218]对复杂网络中不同类型时间序列的超家族现象进行了研究。而 Rodrigues 等[219]、Tewarie 等[220]分别基于人类脑电波时间序列构建了人类大脑功能网络并对其动力学特性进行了分析。

1.4.2 复杂网络在多相流领域的应用进展

气液两相流动作为一种具有混沌、耗散、伪随机等特征集中体现的复杂动力学系统,由于受到湍动以及相界面间的相互作用等多种因素的影响,气液两相流动过程中各流动参数表现出明显的非线性特征。大量的理论和试验研究[221-225]表明,气液两相流动过程中不同参数之间在波动掩盖下存在实质性的联系,即某个参数随时间变化的数值中包含着其他相关参数的信息。这就使得通过对如压力、压差、电导率等流动参数的波动时间序列进行分析,进而获取难测参数的相关信息成为可能。

张捷与 Small 在 2006 年通过基于时间序列的复杂网络对非线性时间序列动力学特性的研究,为复杂网络理论在多相流领域的应用提供了可能的途径。其后,天津大学的高忠科等[7]将复杂网络理论引入多相流的研究中,为从新理论及信息处理技术不断完善的角度深层次地理解多相流动过程提供了新的理论依据。基于与多相流动过程中空泡份额变化密切相关的电导率波动时间序列,高忠科等[7,16-25]应用复杂网络理论在多相流流型检测和非线性动力学特性的分析上做了大量的研究工作。高忠科等[16-18,22]从多相流动过程的测量时间序列(电导率)中提取出与流型演化过程密切相关的六个时域特征指标,即最大值、最小值、均值、标准偏差、非对称系数和峭度函数,以及四个频域特征指标作为特征向量;以多组电导率波动时间序列的相关函数为相关程度的度量,提出了基于多组电导率时间序列的复杂网络构建方法。在此基础上,高忠科等[7,21]构建了流型复杂网络并通过基于 K-means 聚类的复杂网络社团结构探寻算法,分别对垂直管内气液、倾斜管内油水两相流和油气水三相流的流型网络进行了分析后,指出构建的流型复杂网络的社团结构与流型具有内在对应关系,气液/油水两相流的流型复杂网络社团结构如图 1.11 所示。基于电导率波动时间序列片段之间的相关性,高忠科等构建了流体动力学复杂网络并将其应用于垂直管内气液和倾斜管内油水两相流非线性动力学特性的分析中,发现不同流型的动力学复杂网络的统计性质与流型的演化过程密切相关,即网络的度分布指数和信息熵与流型演化趋势相吻合。垂直上升管道内气液两相流流体复杂网络统计参数随流型演化过程的分布,如图 1.12 所示。

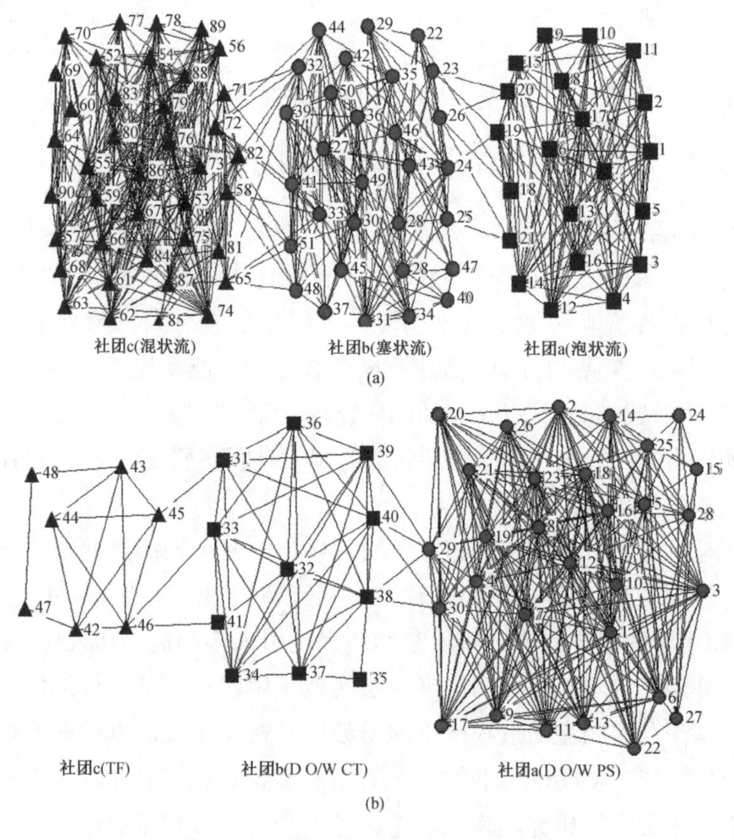

图 1.11 流型复杂网络社团结构[7,21]

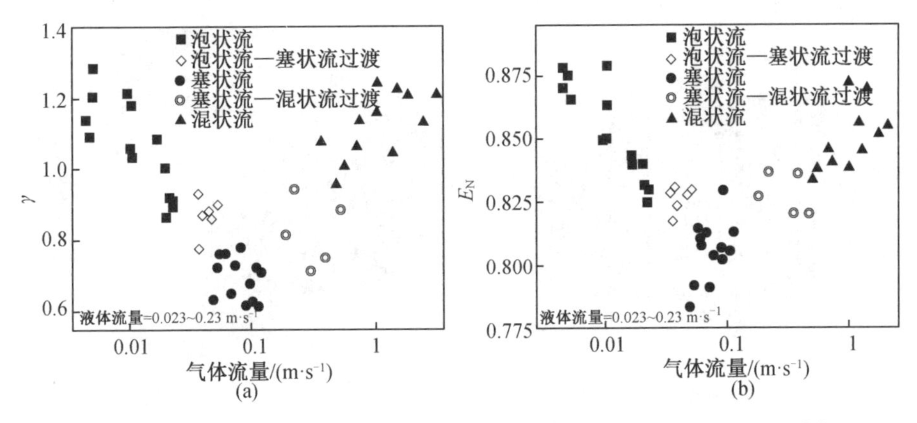

图 1.12　气液两相流流体复杂网络统计参数在流型演化过程中的分布[7]

高忠科等[19-20]在相空间重构的基础上,提出了基于相空间重构的流体结构相空间复杂网络,并将其用于分析垂直上升管内气液和倾斜管内油水两相流流型生长与衰落的非线性动力学机制。进而发现流体相空间复杂网络的聚集系数-介数联合分布以及同配特性,在不稳定周期轨道的吸引特性作用下,对气液两相流中气泡的聚并过程比较敏感。垂直上升管内气液两相流的泡状流、塞状流和混状流的流体结构复杂网络如图 1. 13 所示。其后,高忠科等又提出了定向加权复杂网络[23]、多元加权复杂网络[24]和多频复杂网络[25]。在将小管径内的气液两相流多元测量值映射到定向加权复杂网络的基础上,其对生成网络进行分析后,发现不同流型对应的网络表现出不同的拓扑结构,进而指出流体动态流动行为可以通过生成网络的加权聚集系数与亲密中心来定量地加以刻画。其对气液两相流加权复杂网络的研究,表明多元加权复杂网络可以定量地揭示不同流型间的转换,进而更深层次地揭示气液两相流的非线性动力学特性。对多频复杂网络在多相流的应用研究中,高忠科等指出多频复杂网络的社团结构可以很好地表示气液、油水两相流流动模式的结构特点。

上述的研究工作虽然已经取得了很多的成果,但是在两相流流型识别和流型非线性动力学特性等方面还有待进一步研究。气液两相流的电导率波动时间序列是对两相流动在各种因素作用下流动形态的体现,然而受工质物性的影响,对工质导电率比较接近的两相流动或单相湍流流动进行检测时,测量的结果会出现较大的偏差。对于用以构建气液两相流复杂网络的特性参数时间序列的选择、特征量提取及其相关强度度量等方面还需要深入的研究,应用于垂直上升管内气液两相流问题研究的复杂网络方法还需要进一步的完善。

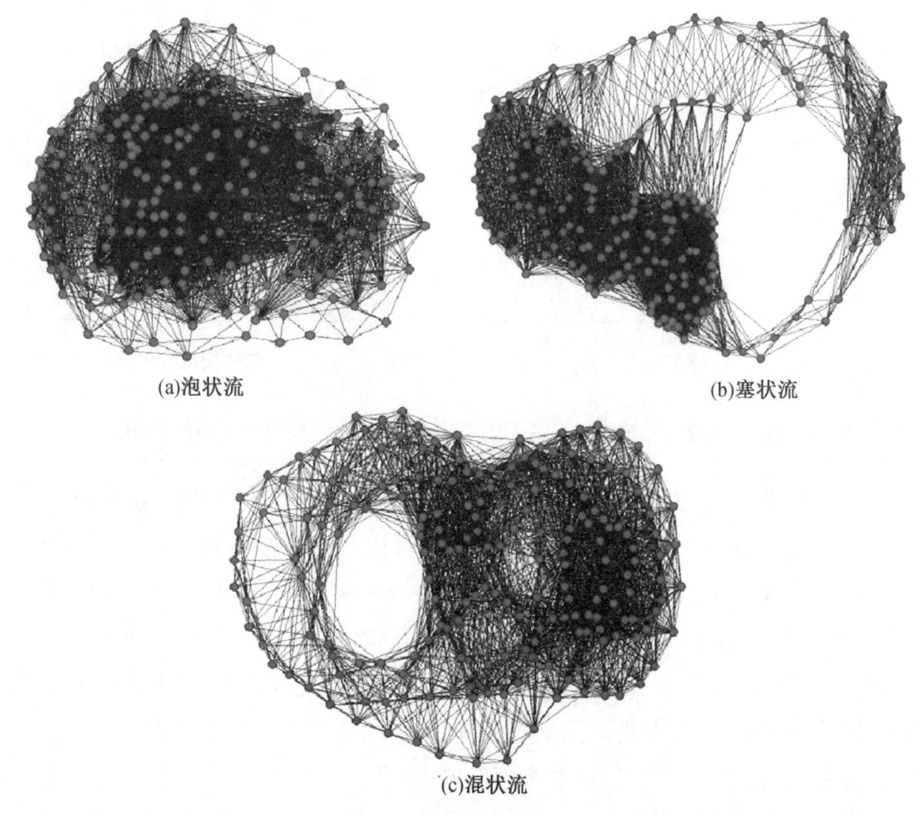

图 1.13　气液两相流流体结构复杂网络结构图[8]

1.5　研究思路

本书在设计并搭建气液两相流流态模拟试验系统的基础上，利用测量系统采集原始气液两相流流态演化过程的压差波动时间序列；基于两相流流态压差波动时间序列的相似性，构建并分析了不同类型的复杂网络，进而对气液两相流流型和流型演化动力学特性进行了研究。研究思路如图 1.14 所示。

本书通过气液两相流流动流态演化过程的压差波动时间序列，构建了气液两相流流态复杂网络、气液两相流流态演化复杂网络和气液两相流流型相空间复杂网络；在获得测试数据的基础上，利用经验模态分解对流型压差波动时间序列进行流型特征量提取，获取不同流型在不同时间尺度下的能量分布情况；在基于不同时间尺度下流态压差波动时间序列能量间的相似性构造气液两相流流态复杂网络的基础上,采用基于 AP 聚类的社团划分算法对气液两相流流态复杂网络的社团结构进行了分析,找出其社团结构与不同流型的对应关系,从而实现了包括过渡流型在内的五种垂直上升管内气液两相流流型的识别。通过分析不同流型的流态演化复杂网络的统计特性,发现不同流型的流态演化复杂网络呈现明显的无标度性和小世界性,并且其网络的度分布指数和网络信息熵与流态演化过程密切相关,进而对流态演化过程内在的非线性动力学特性进行了研究。通过分析基于相空间重构的流型相空间复杂网络,发现其网络结构、聚集系数-介数联合分布以及网络密度能够较好地反映气液两相流相空间动力学特性,特别是流型相空间复杂网络的网络密度可以较好地反映相空间中不稳定周期轨道的吸引作用。

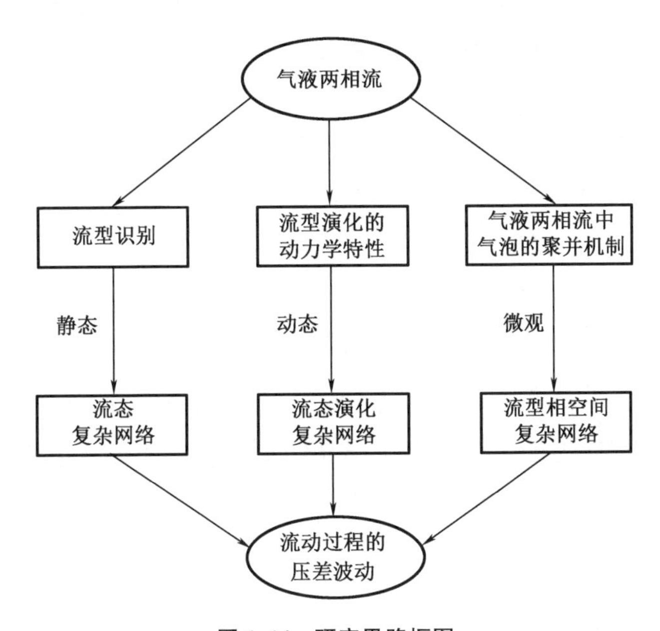

图 1.14　研究思路框图

2 气液两相流与复杂网络理论

在气液两相流动过程中，压力波、表面张力波、重力波和密度波的传播速度和衰减及相互作用都与两相流动结构的多样性及其变化有关，这些因素都可能导致局部流体产生较大脉动，进而引起如压力、压差及空泡份额等流动参数出现明显变化。这就使得通过对压力、压差或电导率等流动参数进行处理，从而获得两相流动的动力学信息成为可能。基于气液两相流流动参数波动时间序列的相似性，本书将气液两相流动过程映射到复杂网络以研究垂直上升管内气液两相流动系统的动力学特性。

2.1 气液两相流的波动性与不稳定性

2.1.1 气液两相流的波动性

两相流动与单相流动相比，流动特性最大的区别表现在相间力作用所导致的复杂多变的流型及其转变和强烈的界面扰动上，并由此形成了两相流动固有的在时间和空间上的波动性。气液两相流动的稳定性、流动结构的多值性及其变化直接取决于两相相界面的声震荡、表面张力、重力波和密度波的传递及相互作用。由于气液两相的存在，在相界面上作用着支配界面稳定、气泡、液滴、泡沫和雾化现象形成的表面张力。一方面，表面张力受相界面的浓度梯度、温度梯度、速度梯度或化学反应的制约；另一方面，它又支配着界面的收缩、振荡、分裂、构成界面扰动的产生。界面的扰动是产生各种界面波的根本原因，界面波的波形、波长、振幅、频谱特性又随着不同的流型发生明显的变化。

大量的研究表明，非黏性流压力、黏性剪切力、非黏性雷诺应力、黏性雷诺应力以及湍流压力波动等是引起界面波的主要因素。在两相流体中，波主要以两种形式出现，即连续波和动力波，其产生机理如图 2.1 所示。当流体中速度和浓度发生变化时，就会产生连续波；当浓度梯度发生变化时，就会产生动力波。对于气液两相流动来说，由空泡份额 α 变化引起的作用力 f，与空泡份额 α、空泡份额梯度和流速 v 存在下列关系：

$$f=f\left(v,\alpha,\frac{\partial\alpha}{\partial z}\right) \tag{2.1}$$

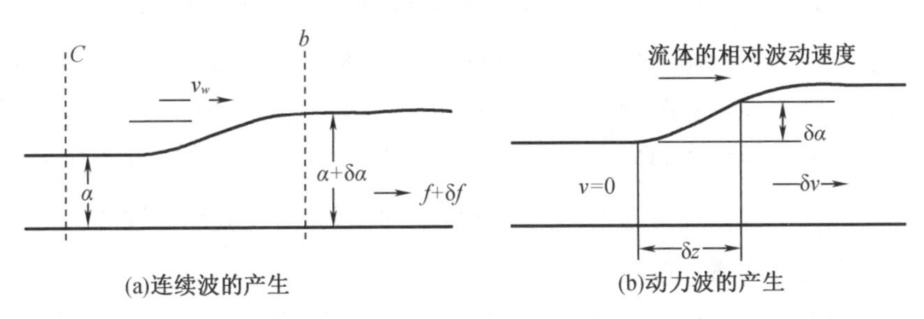

图 2.1　连续波和动力波的产生机理

因此,在 f 的作用下,两相流中同时存在着连续波和动力波,它们之间的相互作用构成了两相流动复杂的动力学特性。

在非定常情况下,流动的连续性方程和动量方程分别如式(2.2)和式(2.3)所示:

$$\frac{\partial\alpha}{\partial t}+v\frac{\partial\alpha}{\partial z}+\alpha\frac{\partial v}{\partial z}=0 \tag{2.2}$$

$$\rho\left(\frac{\partial v}{\partial z}+v\frac{\partial v}{\partial t}\right)=f+b \tag{2.3}$$

若 $v=0$,当 α 和 v 有小的扰动 α'、v'时,则有

$$\frac{\partial\alpha'}{\partial t}+\alpha\frac{\partial v'}{\partial z}=0 \tag{2.4}$$

$$\rho\left(\frac{\partial v'}{\partial t}\right)=f_v v'+f_\alpha\alpha'+f_{\nabla_\alpha}\frac{\partial\alpha'}{\partial z} \tag{2.5}$$

将式(2.4)对 z 的导数带入式(2.5),则有

$$\rho\frac{\partial^2\alpha'}{\partial t^2}+\alpha f_{\nabla_\alpha}\frac{\partial^2\alpha'}{\partial z^2}-f_v\frac{\partial\alpha'}{\partial t}+\alpha f_v\frac{\partial\alpha'}{\partial z}=0 \tag{2.6}$$

此即为气液两相流动的波动方程。

相对于连续波的平均流速 v_{p} 和动力波的波速 $\overline{C}$ 分别为

$$v_{\mathrm{p}}=-\frac{f_\alpha}{f_v}\alpha \tag{2.7}$$

$$\overline{C}=\left(-\frac{\alpha}{\rho}f_{\nabla_\alpha}\right)^{\frac{1}{2}} \tag{2.8}$$

2.1.2 气液两相流的不稳定性

气液两相流的不稳定性指的是两相工质流量和参数的非周期性偏移或周期性脉动的现象。在气液两相流动系统中,流动参数由于受到湍动、成核气化或弹状流动等因素的影响而发生小的扰动或脉动,在一定条件下,这种扰动可能是触发流动不稳定的驱动因素。当流动受到瞬时扰动,进入新的运行工况后无法回到原稳定状态,而是稳定于某一新的运行状态,即称为静态流动不稳定性。动态流动不稳定性指当两相流动系统受到扰动时,在流动惯性和其他反馈效应作用下会产生流动振荡[226]。两相流动混合物相界面之间的热力-流体动力相互作用形成相界面波传播,即时间的迟滞与反馈现象的发生是产生动态不稳定的根本原因。此外,流量的增大或减少都可能会使振荡发生延迟,对于任意一个两相流动系统,压力波和密度波都是同时存在并相互作用的。气液两相流的不稳定是由静态不稳定与动态不稳定复合而成的整体不稳定,由于其中的动态不稳定具有一定的周期性,因此表征流态变化的流动参数呈现出不规则的周期性。

1. 密度波不稳定

随着流体的流动,管道内空泡份额的变化对加速、摩擦压降以及传热性能都会造成影响。流量、空泡和压降之间匹配不当,会引起流量、密度和压降的振荡,这种振荡又被称为空泡波不稳定性,即流量-空泡反馈不稳定性。以气泡所受卡尔文脉冲力的平衡导出的密度波动方程[227]如下:

$$\tau_e\left[\left(\frac{\partial}{\partial t}+C^+\frac{\partial}{\partial Z}\right)\left(\frac{\partial}{\partial t}+C^-\frac{\partial}{\partial Z}\right)\alpha-v_e\left(\frac{\partial}{\partial t}+v_{g_0}\frac{\partial}{\partial z}\right)\frac{\partial^2\alpha}{\partial z^2}\right]+\left[\left(\frac{\partial}{\partial t}+C_0\frac{\partial}{\partial Z}\right)\alpha-\tau_e\frac{\partial^2\alpha}{\partial z^2}\right]=0 \tag{2.9}$$

式中 τ_e——有效弛豫时间;

$C^{\pm}$——密度波的高阶波速;

C_0——密度波的低阶波速。

有效弛豫时间 τ_e 为

$$\tau_e=\frac{\left[\rho_g+\frac{1}{2}\rho_l m_0(\alpha)\right]d^2}{g\mu_l f_0(\alpha)} \tag{2.10}$$

高阶波速 $C^{\pm}$ 为

$$C^{\pm}=v_{g0}-\frac{\frac{1}{4}\alpha_0\rho_1 m_0' v_0}{\rho_g+\frac{1}{2}\rho_1 m_0}\pm\left[\left(\frac{\frac{1}{4}\alpha_0\rho_1 m_0' v_0}{\rho_g+\frac{1}{2}\rho_1 m_0}\right)+\frac{P_e'}{\rho_g+\frac{1}{2}\rho_1 m_0}\right]^{\frac{1}{2}} \tag{2.11}$$

低阶波速 C_0 为

$$C_0=v_{g0}+\varepsilon_0 v_0' \tag{2.12}$$

密度波动方程式(2.9)表明密度波就是连续波,其低阶波速与连续波速接近。气液两相流密度波的形成,即两相流中空泡份额 α 在时间和空间上的波动过程,是由气液两相流中的扰动及其传递、平衡的恢复等随空泡份额变化所引起的。在气液两相流密度波传播过程中,气液两相间摩擦力的相互作用,使得各相的运动速度趋向于某一空泡率相应的均匀状态时的速度,而与此同时惯性力则抑制这种趋势。

2. 压力波不稳定

气液两相流动系统受到压力扰动导致流量振荡,压力扰动以压力波的形式在系统中传播,其表现出高频振荡的特征,并且其流量振荡周期与压力波通过管道所需的时间为同一量级。在不计外力和壁面摩擦力的情况下,通过一维两相混合物的动量方程和连续方程可以获得压力波传播的基本方程[1]:

$$\frac{\mathrm{d}p}{\mathrm{d}z}-v_p^2\frac{\mathrm{d}}{\mathrm{d}z}[\alpha\rho_g+(1-\alpha)\rho_1]=0 \tag{2.13}$$

式中 v_p——压力波传播速度;

α——空泡份额;

ρ_g——气体密度;

ρ_1——液体密度。

若变量 α、ρ_g 和 ρ_1 为系统当地压力的函数,则压力波的传播速度 v_p 可表示为

$$v_p^2=\frac{\mathrm{d}p}{d[\alpha\rho_g+(1-\alpha)\rho_1]} \tag{2.14}$$

压力和频率的变化是影响压力波传播的两个主要因素。压力的变化 Δp 越大,则引起的相位变化越大,若处于热力平衡状态,则获得的传播速度比较小;压力波传播速度则与频率成正比,即传播速度随频率的增加而增大。

2.2 气液两相流的特征参数

气液两相的相界面形状与分布在时间和空间上的不均匀性，以及气体的可压缩性，使得气液两相流成为一种非常复杂的非线性运动。与单相管内流动相比，对于气液两相流的描述需要引入一些气液两相流特有的参数。描述气液两相流的主要参数如下[228]。

2.2.1 流型

流型是气液两相流最基本的特征参数之一，并且是影响两相流特性、传热特性以及对其他参数的准确测量的重要参数。

2.2.2 流量

气液两相流的流量分为质量流量 G 和体积流量 Q。质量流量是指单位时间内流过管段横截面的流体质量，即

$$G=G_l+G_g \tag{2.15}$$

式中 G_l——液相质量流量；

G_g——气相质量流量。

体积流量是指单位时间内流过管段横截面的流体体积，即

$$Q=Q_l+Q_g \tag{2.16}$$

式中 Q_l——液相体积流量；

Q_g——气相体积流量。

2.2.3 表观速度

管道流通截面积只被两相混合流体中单独一相占据时的速度被称为表观速度，即

$$v_{sl}=\frac{Q_l}{A} \tag{2.17}$$

$$v_{sg}=\frac{Q_g}{A} \tag{2.18}$$

式中 A——管段流通面积，$A=A_l+A_g$，其中 A_l 为液相所占截面积，A_g 为气相所占截面积；

v_{sl}——液相表观速度；

v_{sg}——气相表观速度。

2.2.4　滑速比

气相真实速度与液相真实速度之比称为滑速比 S，即

$$S=\frac{v_g}{v_l} \tag{2.19}$$

式中　v_g——气相真实速度，$v_g=\frac{Q_g}{A_g}$；

v_l——液相真实速度，$v_l=\frac{Q_l}{A_l}$。

2.2.5　空泡份额

气液两相流的空泡份额又包括截面空泡份额、质量空泡份额和体积空泡份额。截面空泡份额 α 指的是在管道某一流通截面上，气相所占截面积与总流通面积之比，即

$$\alpha=\frac{A_g}{A}=\frac{A_g}{A_g+A_l} \tag{2.20}$$

质量空泡份额 x 是气液两相流体中气相质量流量所占两相质量流量的份额，又称为干度，即

$$x=\frac{G_g}{G}=\frac{G_g}{G_g+G_l} \tag{2.21}$$

体积空泡份额 β 是气液两相流体中气相体积流量所占两相体积流量的份额，即

$$\beta=\frac{Q_g}{Q}=\frac{Q_g}{Q_g+Q_l} \tag{2.22}$$

2.2.6　压力和压力降

压力和压力降是气液两相流的重要参数，对压力及压力降信息的分析也是检测两相流流动参数的重要手段。

2.3 气液两相流流动参数时间序列

2.3.1 气液两相流流动参数时间序列的特征

以相同或不同的间隔时间 Δt 排列,按照时间顺序观察得到的某个物理量的一组数值被称为时间序列,如图 2.2 所示。时间序列涉及范围非常广泛,如物理、生物、地理等自然科学领域,航天技术、测控技术、声呐技术等工程技术领域,以及人口统计、金融分析等社会经济领域。时间序列 $S(n)$ 可表示为

$$S(n)=\{x(t_1),x(t_2),\cdots,x(t_n)\} \tag{2.23}$$

式中 $x(t_i)$——时间序列在 t_i 处的数值;

n——时间序列中数据值的个数。

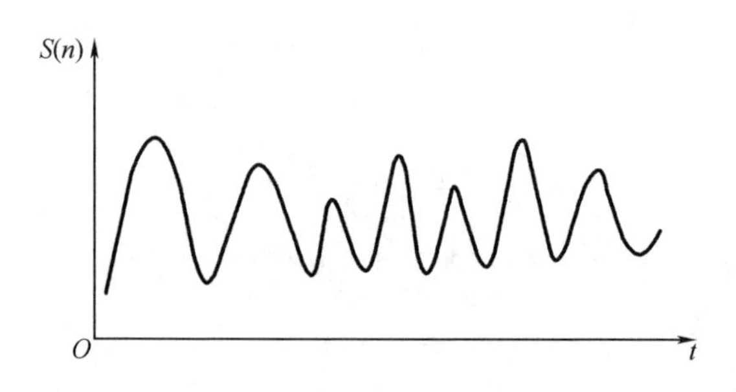

图 2.2 时间序列示意图

在气液两相流动过程中以相同或不同的 Δt 排列,按照时间顺序获得,如空泡份额、压力、压差、电导率等流动参数的数值被称为气液两相流流动参数时间序列。气液两相流流动参数时间序列与气液两相间的相互作用密切相关,使得其具有以下特征:

非平稳特性,在气液两相流动过程中,气相和液相作为一个由各相的物性、流量、管道几何尺寸及位置等因素相互作用的复杂系统,其外在表现的流动参数时间序列呈现出明显的非平稳性。

伪随机性,气液两相流动是由静态不稳定与动态不稳定复合而成的整体性不稳定,其外在表现的气液两相流参数时间序列具有不规则的周期性。

非线性,由于受到浮力、流动惯性、表面张力、界面剪切力、质量传递和管壁等因素的相互作用,气液两相流动表现为一系列混沌的特性,其外在表现的气

液两相流流动时间序列表现出明显的非线性。

2.3.2 气液两相流压差波动时间序列与空泡份额之间的关系

在气液两相流动过程中,压力参数是流动参数中较容易进行实时测量的参数之一。在流动过程中,通过压力或压差的测量可以了解压力损失,测量流量和掌握其他流动工况。获得的压力或压差的波动时间序列中往往蕴涵着许多流动系统中的参数(如空泡份额等)信息。大量的研究表明,气液两相流中压差的波动时间序列表现出的脉动特性与气泡状态密切相关。垂直上升管内气液两相流的压差测量原理示意图如图 2.3 所示。

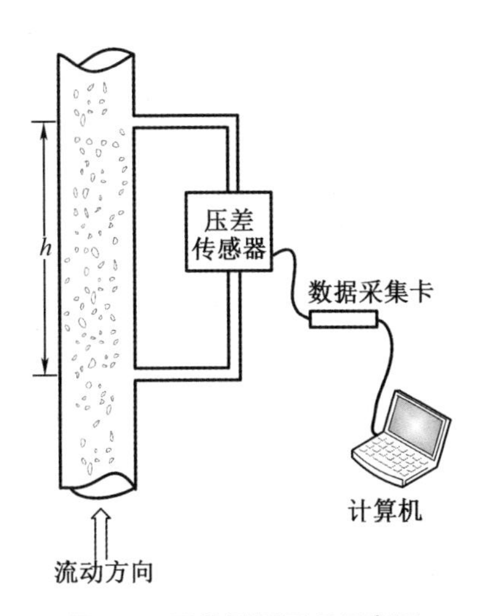

图 2.3 压差测量原理示意图

气液两相流流经垂直上升被测管段内的总压力降梯度$\frac{dp}{dz}$可表示为

$$\frac{dp}{dz}=\frac{dp_f}{dz}+\frac{dp_G}{dz}+\frac{dp_a}{dz}+\frac{dp_m}{dz} \tag{2.24}$$

在气液两相流流动过程中,垂直上升管内总压力降由摩擦阻力压力降、局部阻力压力降、重位压力降和加速度压力降构成,其表达式为

$$\Delta p=\Delta p_f+\Delta p_G+\Delta p_a+\Delta p_m \tag{2.25}$$

式中 Δp——被测管段内的总压力降;

Δp_f——摩擦阻力压力降;

Δp_G——重位压力降;

Δp_{a}——加速度压力降；

Δp_{m}——局部阻力压力降。

为了减少节流装置对流场的影响，即使局部压力降 $\Delta p_{\mathrm{m}} \approx 0$，我们采用管壁引压的方式将被测管段内气液两相流的压差波动时间序列引出。此外，由于取压孔之间的距离相对较短，动能损失比较小，所以加速度压力降 Δp_{a} 可以忽略不计。因此，总压力降 Δp 的表达式可简化为

$$\Delta p = \Delta p_{\mathrm{f}} + \Delta p_{\mathrm{G}} \tag{2.26}$$

基本假设：

(1)气液两相流动过程中气相和液相具有各自的平均流速。

(2)流动时不考虑两相间的相互作用力，各相沿流动方向 z 的气相压降梯度 $\frac{\mathrm{d}p_{\mathrm{g}}}{\mathrm{d}z}$ 和液相压降梯度 $\frac{\mathrm{d}p_{\mathrm{l}}}{\mathrm{d}z}$ 相等，且等于整个两相流的压降梯度 $\frac{\mathrm{d}p_{\mathrm{T}}}{\mathrm{d}z}$，即

$$\frac{\mathrm{d}p_{\mathrm{T}}}{\mathrm{d}z} = \frac{\mathrm{d}p_{\mathrm{l}}}{\mathrm{d}z} = \frac{\mathrm{d}p_{\mathrm{g}}}{\mathrm{d}z} \tag{2.27}$$

在基本假设的前提下，根据劳力云提出的摩擦阻力压力降模型[229]，摩擦阻力压降梯度 $\frac{\mathrm{d}p_{\mathrm{f}}}{\mathrm{d}z}$ 可表示为

$$\frac{\mathrm{d}p_{\mathrm{f}}}{\mathrm{d}z} = \sqrt{(1-\alpha)^{n-4}\left(\frac{\Delta p_{\mathrm{lo}}}{\mathrm{d}z}\right)^2 + \alpha^{n-4}\left(\frac{\Delta p_{\mathrm{go}}}{\mathrm{d}z}\right)^2} \tag{2.28}$$

其压力降形式为

$$\Delta p_{\mathrm{f}} = \sqrt{(1-\alpha)^{n-4}\Delta p_{\mathrm{lo}}^2 + \alpha^{n-4}\Delta p_{\mathrm{go}}^2} \tag{2.29}$$

式中 α——空泡份额；

Δp_{lo}——液相单独流过管段的压力降；

Δp_{go}——气相单独流过管段的压力降；

n——由流型决定的参数。

重位压力降 Δp_{G} 的表达式可表示为

$$\Delta p_{\mathrm{G}} = \rho_{\mathrm{m}} g h \tag{2.30}$$

式中 ρ_{m}——管内气液两相混合物的平均密度；

g——重力加速度；

h——取压间距。

当考虑气液两相流相对速度时，管内气液两相混合物的平均密度 ρ_{m} 可表示为

$$\rho_m = \alpha\rho_g + (1-\alpha)\rho_l \tag{2.31}$$

则重位压力降 Δp_G 可表示为

$$\Delta p_G = [\alpha\rho_g + (1-\alpha)\rho_l]gh \tag{2.32}$$

因此,被测管段的总压力降 Δp 可表示为

$$\Delta p = \sqrt{(1-\alpha)^{n-4}\Delta p_{lo}^2 + \alpha^{n-4}\Delta p_{go}^2} + [\alpha\rho_g + (1-\alpha)\rho_l]gh \tag{2.33}$$

式中　Δp——稳定流动状态下的总压力降即实际测量压差时间序列的平均值,即

$$\Delta p = \frac{1}{N}\sum_{i=1}^{N}\Delta p_i \tag{2.34}$$

其中　N——采样总数;

Δp_i——压力降时间序列的采样值,即压差瞬时值。

将式(2.33)与式(2.34)合并后可获得压差瞬时值 Δp_i 与空泡份额 α、分相摩阻压降 Δp_{lo} 和 Δp_{go} 之间的关系式:

$$\frac{1}{N}\sum_{i=1}^{N}\Delta p_i = \sqrt{(1-\alpha)^{n-4}\Delta p_{lo}^2 + \alpha^{n-4}\Delta p_{go}^2} + [\alpha\rho_g + (1-\alpha)\rho_l]gh \tag{2.35}$$

从式(2.35)中可以发现被测管段的压差瞬时值与空泡份额之间存在密切的关系。

2.4　流动参数时间序列的预处理与相似性度量

2.4.1　流动参数时间序列的预处理

通过对时间序列进行整理、观察和分析研究,进而发现系统内部变化发展规律、未来走势的预测或控制的过程称为时间序列分析。时间序列数据通常是连续增长的不间断数据,直接进行分析会影响算法的准确性和可靠性。因此,在分析时间序列之前必须进行预处理。时间序列的预处理可以对数据进行有效压缩,在保留主要形态特征的同时去除细节干扰,具有一定的降噪能力,可以使时间序列所包含的重要信息显现出来。本节对小波分析(wavelet analysis)和经验模态分解(empirical mode decomposition,EMD)两种流动参数时间序列预处

理方法进行了对比分析。

1. 小波分析

小波分析是在傅里叶变换的基础上发展起来的一种数学方法,其基本思想是用小波函数系表示或逼近要分析的时间序列或函数,其中小波函数系是由通过满足一定条件的基本小波函数不同尺度的平移和伸缩而构成的[230]。在时间-频率分析上,小波分析具有多分辨分析的特点,并且在时域和频域上具有表征时间序列局部特征的能力,能自适应时频时间序列分析的要求,克服了傅里叶变换的不足。小波变换的表达式为

$$W_f(a,b) = a^{-\frac{1}{2}}\int_{-\infty}^{+\infty} \Psi\left(\frac{t-b}{a}\right) f(t)\,\mathrm{d}t = \int_{-\infty}^{+\infty} \Psi_{a,b}(t) f(t)\,\mathrm{d}t \tag{2.36}$$

式中　a——尺度参数;

b——定位参数;

$\Psi_{a,b}(t)$——小波基。

离散二进制小波变换的表达式为

$$W_f(m,n) = 2^{-\frac{m}{2}}\int_{-\infty}^{+\infty} \Psi_{m,n}(t) f(t)\,\mathrm{d}t = 2^{-\frac{m}{2}}\int_{-\infty}^{+\infty} \Psi(2^{-m}t-n) f(t)\,\mathrm{d}t \tag{2.37}$$

离散小波变换对小波系数的处理,可以实现对时间序列的平滑滤波、背景扣除以及有效压缩。基于 Mallat 算法的离散二进制小波变换具体过程如下[231]。

假设离散时间序列 $f(x) \in V_{J_1}$, V_{J_1} 是具有分辨率 J_1 的 $L^2(R)$ 的闭子空间,则

$$f(x) = A_{J_1} f(x) = \sum_{k \in Z} C_{J_1,k}\varphi_{J_1,k}(x) = A_{J_2} f(x) + \sum_{j=J_1+1}^{J_2} D_j f(x) \tag{2.38}$$

式中　φ——尺度函数。

$$A_{J_2} f(x) = \sum_{k \in Z} C_{J_2,k}\varphi_{J_2,k}(x) \tag{2.39}$$

式(2.39)为时间序列 $f(x)$ 的频率低于 2^{-J_2} 的成分,而

$$D_j f(x) = \sum_{k \in Z} C_{j,k}\varphi_{j,k}(x) \tag{2.40}$$

式(2.40)为时间序列 $f(x)$ 的频率介于 2^{-j} 和 2^{-j+1} 间的成分,系数 C_j 和 D_j 通过塔式算法由 C_o 出发递归得到

$$\begin{aligned} C_{j+1} &= HC_j \\ D_{j+1} &= GC_j \end{aligned} \tag{2.41}$$

式中，$j=J_1,\cdots,J_2-1$。

$$
\begin{aligned}
C_{j+1,k} &= (HC_j)_k = \sum_{l\in Z} h_{l-2k} C_{j,k} \\
D_{j+1,k} &= (GC_j)_k = \sum_{l\in Z} g_{l-2k} C_{j,k}
\end{aligned}
\tag{2.42}
$$

其中，低通滤波器 H 和高通滤波器 G 的系数 $\{h_k\}$ 和 $\{g_k\}$ 是由尺度函数 φ 和小波函数 Ψ 所决定的数列，通过阈值的选取可以实现将大部分噪声消除的效果。对于给定的流动参数时间序列，通过这两个滤波器不断将流动参数时间序列划分到不同的频道上，其分解过程如图 2.4 所示。

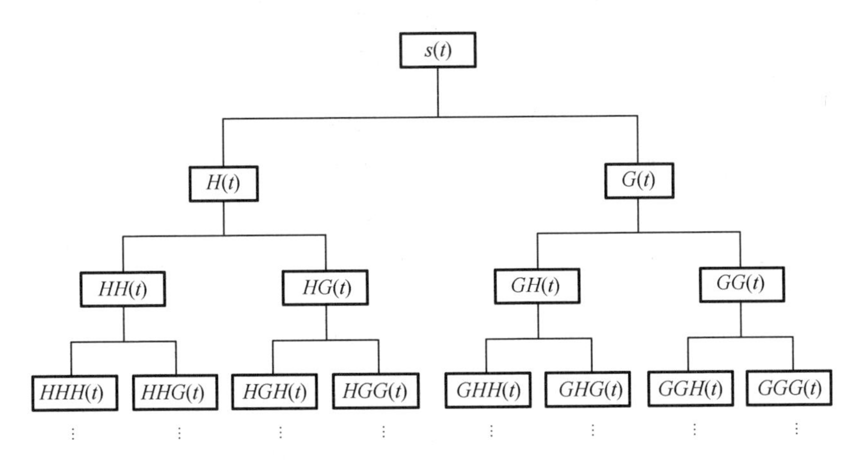

图 2.4　小波包分解过程示意图

2. 经验模态分解

气液两相流作为典型的非线性、非平稳的流动过程，基于傅里叶变换的分析方法由于受到仅适用于线性系统的限制，可能导致虚假高频、能量扩散、截断或泄漏等问题。

Huang[97] 提出的对非线性与非平稳时间序列进行线性化与平稳化处理的 EMD 分解法，是目前较好的非线性非平稳时间序列处理方法。EMD 分解法是根据实际时间序列的特征进行固有模态分解，每个固有模态（intrinsic mode function, IMF）代表着一组特征尺度下的平稳时间序列。与基于谐波的时间序列处理方法（小波分析、傅里叶变换）相比，EMD 分解得到的 IMF 分量更有实际的物理意义，其分解过程如图 2.5 所示。

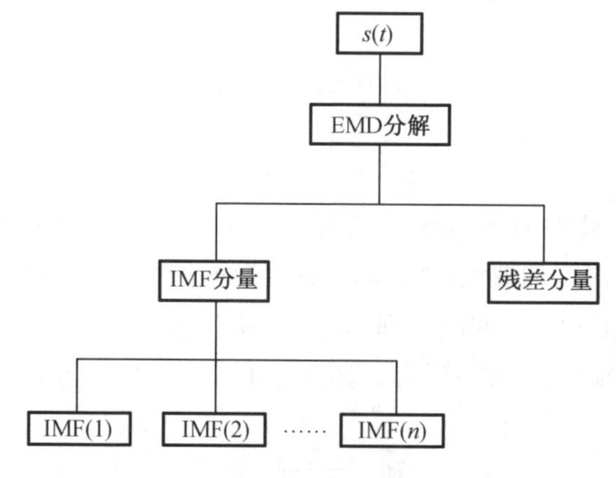

图 2.5　经验模态分解过程示意图

在 EMD 分解中,描述时间序列的基本量就是瞬时频率(instantaneous frequency, IF)。瞬时频率不仅是描述非平稳时间序列的一个重要参数,而且还是在某一时刻的局部频率描述方式,其表征的是随时间变化的频率峰值问题。瞬时频率仅对单分量时间序列才有意义,因此为了进行变换分析,必须将多分量时间序列采用适当的方法分解为单分量时间序列的线性组合。为了获得瞬时频率,Huang 提出了固有模态函数的概念。局部平均值为零的一类时间序列能满足瞬时频率的定义,同时又符合单分量时间序列的物理解释,这一类时间序列被称为固有模态函数。每个固有模态代表着一组特征尺度下的平稳时间序列,有着不同的物理意义。IMF 的提出使得瞬时频率具有物理意义,其必须满足以下两个条件[97]:

(1)在整个数据区间内,极值的个数与过零点的个数相等或最多相差 1。

(2)在任何一点处,由局部极大值确定的时间序列包络与局部极小值的时间序列包络的平均值为零。

EMD 分解实际上是一种通过经验筛选获得 IMF 的过程,通过逐层筛选复杂的时间序列可以获得有限数目的 IMF,其具体过程如下:

(1)求出原始时间序列 $s(t)$ 的局部极大值和极小值。

(2)用样条插值分别构造时间序列的上下包络线,如图 2.6 所示,图中“—”表示原始时间序列的上下包络线,“—”表示原始采样时间序列 $s(t)$,“—”表示上下包络的平均值 m_1。

(3)求上下包络线的平均包络,记为 $m_1(t)$。

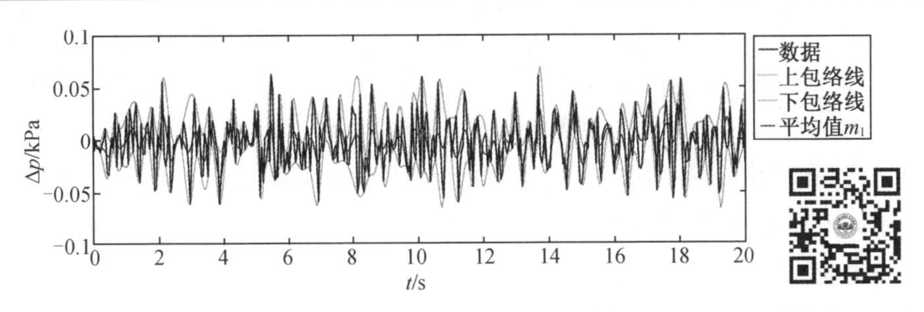

图 2.6　固有模态函数提取示意图

(4)用原始时间序列减去 $m_1(t)$,记为 $h_1(t)$,即

$$h_1(t)=s(t)-m_1(t) \tag{2.43}$$

(5)判断 $h_1(t)$ 是否满足固有模态函数 IMF 条件,如果 $h_1(t)$ 满足 IMF 判别条件,则记为第一个 IMF。

$$c_1(t)=h_1(t) \tag{2.44}$$

(6)若不满足,则将 $h_1(t)$ 看作 $s(t)$,然后继续求解:

$$\begin{gathered}
h_{11}(t)=h_1(t)-m_{11}(t)\\
h_{12}(t)=h_{11}(t)-m_{12}(t)\\
\vdots\\
h_{1(k-1)}(t)=h_{1(k-2)}(t)-m_{1(k-1)}(t)\\
h_{1k}(t)=h_{1(k-1)}(t)-m_{1k}(t)
\end{gathered} \tag{2.45}$$

直到 $h_{1k}(t)$ 满足 IMF 判别条件。

(7)设 $c_1(t)=h_{1k}(t)$ 为第一个 IMF。

(8)记

$$r_1(t)=s(t)-c_1(t) \tag{2.46}$$

将 $r_1(t)$ 作为时间序列 $s(t)$,重复(1)~(4)步求出 $c_2(t)$,直到残差项 $r_n(t)$ 是一个单调函数,最终获得 n 个 IMF 分量,即

$$s(t)=\sum_{i=1}^{n}c_i(t)+r_n(t) \tag{2.47}$$

式中　$\sum_{i=1}^{n}c_i(t)$ ——固有模态总和;

$r_n(t)$——残差。

获得的各固有模态分量反映的是时间序列中的波动部分,残差项则是时间序列的平稳部分[232]。因此,忽略残差项 $r_n(t)$,则 $s(t)$ 表示为

$$s(t)=\sum_{i=1}^{n}c_i(t) \tag{2.48}$$

$s(t)$即是从原时间序列中提取出来的,能保留原时间序列物理特性,对于非线性、非平稳过程的数据。

EMD分解还具有自适应滤波的特性,通过EMD分解得到的若干IMF分量具有不同的频率成分和带宽,并且其频率成分和带宽随被分解时间序列的不同而不同。在EMD分解过程中含有高频成分的IMF分量会被最先分解出来,这种自适应滤波特性是小波分析所不具备的,小波的分解尺度在被选定后,分解获得的是固定频段的时域波形,且只与被分析频率有关,而与时间序列本身无关。另外,由于EMD分解的基函数来源于自身,减少了主观因素的影响,并且EMD分解对时间序列的局部时频特性具有良好的分辨率。因此,采用EMD分解对时间序列进行预处理和能量特征提取。EMD分解的流程如图2.7所示。

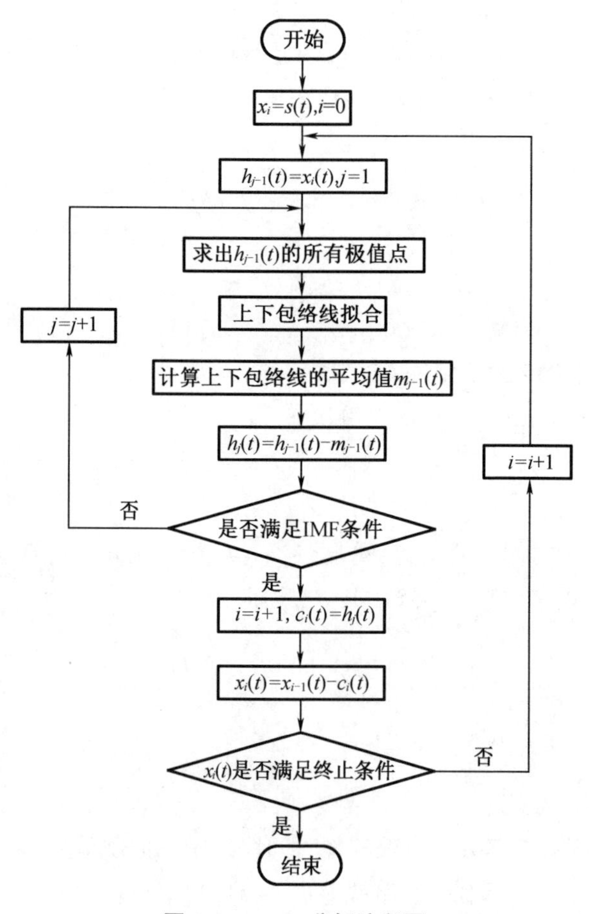

图2.7　EMD分解流程图

2.4.2　流动参数时间序列的相似性度量

时间序列的相似性不仅直接关系到时间序列的相似性搜索、聚类等问题，还为模式发现、分段、异常点检测等任务提供了基本的工具和研究手段[233]，例如对不同工况下相似流型进行聚类、诊断具有相似病症的心电图等。对于给定的两个时间序列 $S=[s_1,s_2,\cdots,s_n]$ 和 $T=[t_1,t_2,\cdots,t_n]$，如果 S 和 T 之间的距离度量函数 $d(S,T)\leqslant\varepsilon$，则认为时间序列 S 和 T 之间是相似的。

目前常用的三种时间序列间相似性度量方式分别为闵可夫斯基距离(Minkowski distance)、皮尔森系数(Pearson coefficient)和欧氏距离(Euclidean distance)。

1. 闵可夫斯基距离

闵可夫斯基距离 M_{M} 是一系列距离的集合，对于两个 n 维的时间序列 X 和 Y：

$$X=\{x_1,x_2,\cdots,x_n\}$$
$$Y=\{y_1,y_2,\cdots,y_n\} \tag{2.49}$$

其闵可夫斯基距离 M_{M} 的表达式如为

$$M_{\mathrm{M}}(X,Y)=\left[\sum_{i=1}^{n}(x_i-y_i)^p\right]^{\frac{1}{p}} \tag{2.50}$$

式中，$p=1$，则表示闵可夫斯基距离 $M_{\mathrm{M}}(X,Y)$ 为曼哈顿距离(Manhattan distance)；$p=2$，则表示闵可夫斯基距离 $M_{\mathrm{M}}(X,Y)$ 为欧氏距离；$p=\infty$，则表示闵可夫斯基距离 $M_{\mathrm{M}}(X,Y)=\max\limits_{i}|x_i-y_i|$。

2. 皮尔森系数

皮尔森系数 $P(X,Y)$ 作为常用的时间序列的相似性度量方式之一，其在度量线性关系时能够取得较好的效果，但是对于处理非线性关系式则效果较差。对于时间序列 X 和 Y，其皮尔森系数 $P(X,Y)$ 的表达式为

$$P(X,Y)=\frac{\sum_{i=1}^{n}(x_i-\overline{X})(y_i-\overline{Y})}{\sqrt{\sum_{i=1}^{n}(x_i-\overline{X})^2\sum_{i=1}^{n}(y_i-\overline{Y})^2}} \tag{2.51}$$

3. 欧氏距离

欧氏距离 M_{E} 是一种在时间序列相似性问题研究中被大量采用的相似性度量方式，对于时间序列 X 和 Y，其欧氏距离 M_{E} 的表达式为

$$M_E(X,Y) = \| X - Y \| = \sqrt{\sum_{i=1}^{n} (x_i - y_i)^2} \tag{2.52}$$

欧氏距离的优点在于具有良好的数学背景及意义、直观且计算简便,对于时间序列的常用变换的系数,其欧氏距离保持不变。欧氏距离的缺点在于时间序列对的长度必须相同,并且对时间序列的位移、错位等比较敏感。因此,我们采用欧氏距离来度量垂直上升管内气液两相流流动参数时间序列之间的相似程度。

2.5 复杂网络基本理论

2.5.1 复杂网络的统计描述

1. 网络的图表示

图是由点集 V 和边集 E 组成,表示为 $G=(V,E)$ 的一种数据结构,任意一个具体的网络都可抽象为节点和边连组成的图。网络的图通常由邻接矩阵、路径数组、十字链或多重链等表示[234-235]。对于一个具体的网络,如果节点 i 和 j 之间存在边连,且 (i,j) 与 (j,i) 对应的边相同,则认为网络是无向的,否则网络即是有向的。连接矩阵 $\boldsymbol{A}$ 表示的是节点之间的连接关系,其定义为

$$A_{ij} = \begin{cases} W_{ij}, \text{节点 } i \text{ 与节点 } j \text{ 之间存在边连} \\ 0, \text{节点 } i \text{ 与节点 } j \text{ 之间不存在边连} \end{cases}$$

式中,W_{ij} 表示节点间的连接强度,即边的权重。若 $W_{ij}=1$,则称为无权网络;否则称为有权网络。无向网络的连接矩阵 $\boldsymbol{A}$ 是对角线上元素为 0 的对称矩阵。

2. 度、度分布及其相关性

度是对复杂网络中节点相互连接统计特性的重要描述,反映着重要的网络演化特征[137]。节点 i 的度 k_i 的定义[10,11,236-237]为与节点 i 连接的节点数目,即

$$k_i = \sum_{i \in N} a_{ij} \tag{2.53}$$

式中 N——总节点数;

a_{ij}——与节点 i 连接的边。

节点的度表示该节点在网络中的重要程度,度值越大其在网络中的重要程度越高。网络中所有节点的度的平均值即为网络的平均度,其表达式为

$$\langle k \rangle = \frac{1}{N} \sum_{i \in N} k_i = \frac{1}{N} \sum_{i \in N} a_{ij} \tag{2.54}$$

分布函数 $P(k)$ 表示的是网络中节点的度分布情况，简称为度分布。通过 $P(k)$ 可以获得网络中各节点的属性特征，其定义为在网络中随机选定的节点的度恰好为 k 的概率。度及度分布是用来区分网络类型的重要标度。对于规则网络，网络内所有节点的度值都相同，因此其度分布呈现出 Delta 分布；而完全随机网络的度分布则近似呈现出峰值为网络平均度 $\langle k\rangle$ 的 Poisson 分布，其形状在远离峰值处呈指数下降趋势。

与非相关网络不同，许多现实网络的统计特性不完全由其网络度分布决定，而是还要受网络度相关性的影响。度相关性的定义为度为 k 的节点与度为 k' 的节点连接的条件概率，即

$$P(k'|k)=\frac{\langle k\rangle P(k',k)}{kP(k)} \tag{2.55}$$

式中　$P(k',k)$——度为 k 的节点与度为 k' 的节点连接同时发生的概率。

对于大多数现实网络，一般通过节点的邻点平均度 $k_{nn}(k)$ [238] 来度量网络的度相关性，其表达式为

$$k_{nn}(k)=\langle k_{nn,i}(k)\rangle=\frac{1}{N}\sum_{i\in M_k}k_{nn,i}(k)=\frac{1}{N}\sum_{i\in M_k}\left(\frac{1}{k}\sum_{j\in N_i}a_{ij}k_j\right) \tag{2.56}$$

式中　N_i——节点 i 的邻近点集合；

M_k——度为 k 的节点集合。

当 $k_{nn}(k)-k$ 曲线的斜率大于 0 时，表示度值大的节点趋向于和同类节点相连，称为度正相关；当 $k_{nn}(k)-k$ 的曲线斜率小于 0 时，则表示值大的节点趋向于和异类的节点相连，称为度负相关；而 $k_{nn}(k)-k$ 曲线的斜率等于 0 时，则表示度连接是完全随机的，称为度不相关。

3. 平均路径长度与节点中心性

在复杂网络中，如果将节点 i 和 j 之间的距离 d_{ij} 定义为连接这两个节点的最短路径上的边数，则节点间最大距离即为网络的直径[137]，其表达式为

$$\overline{D}=\max_{i,j}d_{ij} \tag{2.57}$$

节点间距离 d_{ij} 常用于度量网络中节点间的最短距离，因此被称为最短路径长度。网络的平均路径长度 L_c 又称为特征路径长度，是网络内所有节点间距离的均值，对于无权无向网络，其表达式为

$$L_c=\frac{1}{\frac{1}{2}N(N+1)}\sum_{i\geqslant j}d_{ij} \tag{2.58}$$

式中　N——网络节点数。

平均路径长度 L_c 表示网络节点和网络的效率,在交通网络[239-241]和通信网络[242-245]中具有重要意义。在复杂网络中由于不相邻的节点通过连接它们路径上的其他节点保持二者之间的联系,因此可以通过计算这些节点的介数来确定节点的中心性。通过网络中所有最短路径经过该节点的概率被称为节点 i 的介数。介数是衡量网络拓扑特性的一个重要指标和刻画节点中心性的标准测度之一,其表达式为

$$B_j = \sum_{i,j\in N,i\neq k} \frac{n_{ik}(j)}{n_{ik}} \tag{2.59}$$

式中 n_{ik}——连接节点 i 和 k 的最短路径数;

$n_{ik}(j)$——连接节点 i 和 k 且经过节点 j 的最短路径数。

4. 聚集系数与同配性系数

聚集系数是复杂网络的一个重要统计学特征量,节点 i 的聚集系数实际上就是 $\overline{E_i}$ 和邻居节点间最多可能存在边数 $\frac{1}{2}k_i(k_i-1)$ 的比值,其表达式为[246-248]

$$C_i = \frac{2\overline{E_i}}{k_i(k_i-1)} \tag{2.60}$$

式中 $\overline{E_i}$——实际存在的边数;

k_i——与节点 i 连接的边数。

在复杂网络中的节点 i 如果通过 k_i 条边使得它与其他节点相连,则称这 k_i 个节点为节点 i 的邻居。对于一个包含 N 个节点的网络,所有节点的聚集系数 C_i 的平均值即为网络聚集系数 C,其表达式为

$$C = \frac{1}{N}\sum_{i=1}^{N} C_i, C \in [0,1] \tag{2.61}$$

若 $C=1$,则网络为完全连接的规则网络;若 $C=0$,则网络是没有任何连接的孤立的节点。对于一个具有 N 个节点的完全随机网络,其网络聚集系数 C 为

$$C \sim O(N^{-1}) \tag{2.62}$$

实际网络的聚集系数 $O(N^{-1})<C<1$,表明实际的复杂网络是介于完全随机和规则网络之间的。

Newman[249-250]的研究指出度相关性还可以通过同配性系数 $\bar{r}$ 来量化研究,同配性系数度量的是相连节点对的关系,其表达式[251]为

$$\bar{r} = \frac{M^{-1}\sum_i j_i k_i - \left[M^{-1}\sum_i \frac{1}{2}(j_i + k_i)\right]^2}{M^{-1}\sum_i \frac{1}{2}(j_i^{\,2} + k_i^{\,2}) - \left[M^{-1}\sum_i \frac{1}{2}(j_i + k_i)\right]^2} \tag{2.63}$$

式中　j_i、k_i——第 i 条边两端点的度值；

M——网络中的边连数。

当同配性系数 $\bar{r}>0$ 时，网络是同配网络；当同配性系数 $\bar{r}<0$ 时，网络是异配网络。

5. 网络信息熵

Shannon[252]提出的信息熵作为不确定性的一个度量标准，解决了对信息的量化度量问题。因此，引入网络信息熵来揭示气液两相流非线性动力学特性。网络的信息熵 E_s 与香农的信息熵的定义类似，其表达式为

$$E_s = -\sum_{i=1}^{N} k_B P(i) \ln P(i) \tag{2.64}$$

式中　N——网络节点个数；

k_B——Boltzmann 系数；

$P(i)$——节点 i 的重要性测度。

其中，重要性测度 $P(i)$ 的表达式为

$$P(i) = \frac{k_i}{\sum_{j=1}^{N} k_j} \tag{2.65}$$

式中　N——网络节点个数；

$k_i(k_j)$——节点 $i(j)$ 的度值。

为了简化计算，取 $k_B=1$，即

$$E_s = -\sum_{i=1}^{n} P(i) \ln P(i) \tag{2.66}$$

对于一个由 N 个节点组成的规则均匀网络，所有节点的重要性测度均为 $\frac{1}{N}$，这时的网络信息熵 E_{smax} 最大，即

$$E_{smax} = -\sum_{i=1}^{N} \frac{1}{N} \ln \frac{1}{N} = \ln N \tag{2.67}$$

而对于一个包含一个度值为 $N-1$ 的中心节点和 $N-1$ 个度值为 1 的节点的星型网络，假设

$$P(1) = 1/2$$

$$P(i) = \frac{1}{2(N-1)}, i \neq 1 \tag{2.68}$$

则其网络信息熵 E_{smin} 最小，即

$$E_{smin} = -\frac{1}{2}\ln\frac{1}{2} - \sum_{i=2}^{N}\frac{1}{2(N-1)}\ln\frac{1}{2(N-1)} = \frac{1}{2}\ln 4(N-1) \quad (2.69)$$

为了消除网络规模的影响,对网络信息熵进行归一化处理,记为 E_{NIE}:

$$E_{NIE} = \frac{E_s - E_{smin}}{E_s - E_{smax}} = \frac{-\sum_{i=1}^{n}P(i)\ln P(i) - \frac{1}{2}\ln 4(n-1)}{-\sum_{i=1}^{n}P(i)\ln P(i) + \sum_{i=1}^{n}\frac{1}{n}\ln\frac{1}{n}} \quad (2.70)$$

2.5.2 小世界性和无标度性

匈牙利数学家 Erdös 和 Renyi 在 20 世纪 60 年代提出的随机图理论为复杂网络理论的系统性研究提供了数学基础[253]。他们提出的随机图模型在将近 40 年的时间里,一直是研究复杂网络的基本理论,并指出规则的网络呈现出大的聚集系数和平均路径,而完全随机的网络则呈现小的聚集系数和平均路径。规则网络和随机网络是两种特殊的情况,随着计算设备处理和存储数据能力的不断提高,研究人员发现大多数实际的网络结构并不是完全随机的,而是介于规则与随机之间的。实际复杂网络应该是什么样的?如何通过一个简单模型把规则和随机恰当地结合起来?这些问题一直在困扰着人们。直到 20 世纪即将结束之际,Watts 和 Strogatz 提出了作为完全规则网络向完全随机网络过渡的 WS 小世界模型(图 2-8)回答了这个问题。

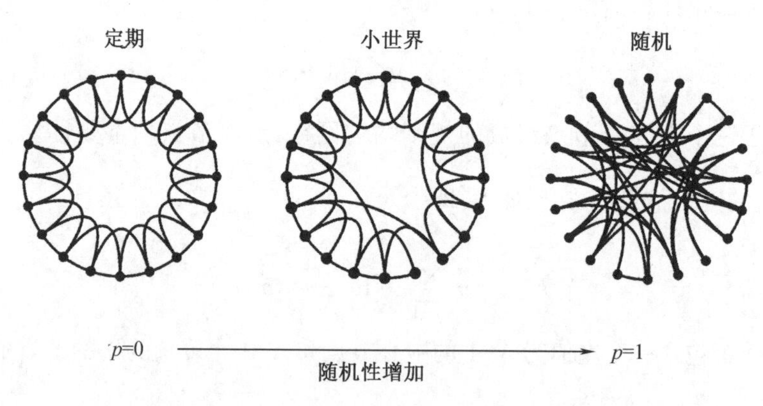

图 2.8 Watts 和 Strogatz 提出的小世界模型[10]

如图 2.8 所示,从规则网络开始,以概率 p 随机重连每一条边,同时保证没有自连和重边。这样若网络是规则的,则 $p=0$;若网络为完全随机的,则 $p=1$;若网络介于规则与随机之间,则 $0<p<1$。通过对生成的网络进行拓扑特性计算

与分析,发现网络的度分布近似于 Poisson 分布,网络的聚集系数比较大,而网络的平均路径却又比较小,呈现出类似于规则网络的大聚集系数和小随机网络的平均距离的统计特性,这种现象称为小世界效应,具有这种效应的复杂网络即为小世界网络。小世界性是网络上复杂性增加的必备特性。大量的研究表明小世界效应的存在使得动力学模型在网络上同时具有较短的弛豫时间和良好的共振性特征,产生小世界效应的机制是一部分基本单元之间相互作用的远程性、跳跃性和随机性[254-264]。

小世界网络研究的兴起,迅速引起了来自不同领域研究人员对复杂网络研究的兴趣。大量的研究发现 Watts 和 Strogatz 提出的 WS 小世界模型与 Erdos 和 Renyi 的 ER 随机模型度分布服从在度平均值$\langle k\rangle$处有一峰值,然后呈指数快速衰减的 Poisson 分布。但是人们发现包括科学引文、Internet、万维网以及新陈代谢网络等在内的,许多现实的复杂网络的度分布并不服从 Poisson 分布,而是呈现出幂律分布。Barabasi 和 Albert 在 1999 年基于网络的增长和优先连接特性提出的 BA 无标度网络模型对现实网络度分布服从幂律分布的产生机理进行了解释,认为产生无标度的机制就是基本单元建立相互作用的优选法则。同时指出增长和优先连接是现实网络的两个重要特性,增长意味着无标度网络是个开放系统,即其演化是不同于小世界网络和随机网络的动态过程;优先连接则意味着网络中节点之间的连接是有偏好的,即新节点更倾向于与高度值节点连接。BA 无标度网络模型:从一个具有 m_0 个节点的网络开始,每次引入一个新的节点,连到 $m(m\leqslant m_0)$个旧节点上;新旧节点连接的概率 Π 正比于它的速度,即 $\Pi(k_i)=k_i/\sum_{j=1}^{N-1}k_j$,其中 k_i 表示旧的节点 i 的度,N 表示网络节点数。

2.6 本章小结

本章基于垂直上升管内气液两相流动的波动性和不稳定性,获得了流态压差瞬时值与空泡份额之间的关系式,证明了气液两相流的压差参数波动时间序列中包含着丰富的气液两相流的动力学信息。其后对用于提取气液两相流流动特征量的两种时间序列处理的方法(小波分析和经验模态分解)进行了分析比较。最后对复杂网络的基本性质、统计描述和网络基本模型的形成及特点进行了介绍。本章的理论和方法为后面的垂直上升管内气液两相流动力学特性分析奠定了基础。

3 气液两相流波动信息测试系统

在管内气液两相流的研究中,选择的流动参数时间序列是否能够反映气液两相流流型特征参数的变化是流型能否准确识别的前提条件。反映气液两相流流型演化过程的流动参数时间序列有很多,如压力、压差、空泡份额等都可以作为流型的特征时间序列。在气液两相流动过程中,压力参数是流动参数中较容易进行实时测量的参数之一,并且压力参数还是研究气液两相流不稳定性的关键参数之一。因此,研究人员对气液两相流压力参数波动现象进行了大量的研究工作[265-269],并指出压力参数的波动时间序列与流型的转换过程密切相关,压力参数的波动反映的是流态变化的特征。但与压差参数相比,管内静态压力通常比较高,并且压力参数不仅与被测点的压力波动有关,还与被测点附近区域的压力波动有关,容易引起反映流型变化的压力信息被淹没[270]。而压差参数的波动时间序列的检测对流动没有阻力,不会对流型的稳定和观测有影响,并且与电导率相比,压差参数不受工质导电率的影响,应用范围更宽。此外,压差参数波动时间序列还具有响应快的特点,能够及时反映流型的变化,这对气液两相流的动力学特性分析很重要。因此,选取垂直上升管内气液两相流的压差波动时间序列作为分析气液两相流流动过程的特征时间序列。

3.1 波动信息测试系统

垂直上升管内空气-水两相流波动信息测试系统的装置图如图 3.1 所示。整个测试系统主要由四部分组成,即测试工质源、测试工况控制、测试管段以及压差波动时间序列获取。

1. 测试工质源

测试工质源主要是为气液两相流波动信息测试系统提供稳定的气相和液相来源。选取的测试工质为空气和水,空气经过空气泵升压后,经储气罐、过滤器和稳压阀后被送入工况控制部分。水源采用水泵和自来水两种供水方式,通过供水管路和阀门来稳定水压。

2. 测试工况控制

测试工况控制主要是气相和液相的流量控制以及测量。通过手阀对空气和水的流量进行调控,空气流量采用浮子流量计进行测量,水流量采用涡轮式流量计进行测量。

3. 测试管段

测试管段为便于高速照相机记录及肉眼观测流态的演变,采用内径为 φ40 mm,长度为 1 500 mm 的有机玻璃管作为测试管段。在测试管段的不同位置上设置取压孔,以便安装压差传感器。

4. 压差波动时间序列获取

压差波动时间序列获取主要由压差传感器、数据采集卡、便携式计算机以及高速照相机组成。压差传感器采用的是固态压力传感器,产生的压差波动时间序列通过多路数据采集卡,送入便携式计算机进行处理和记录。数据采集卡选用的是台湾研华科技公司(Advantech)的 USB-4711a,采样频率为 256 Hz,采样时间为 20 s。

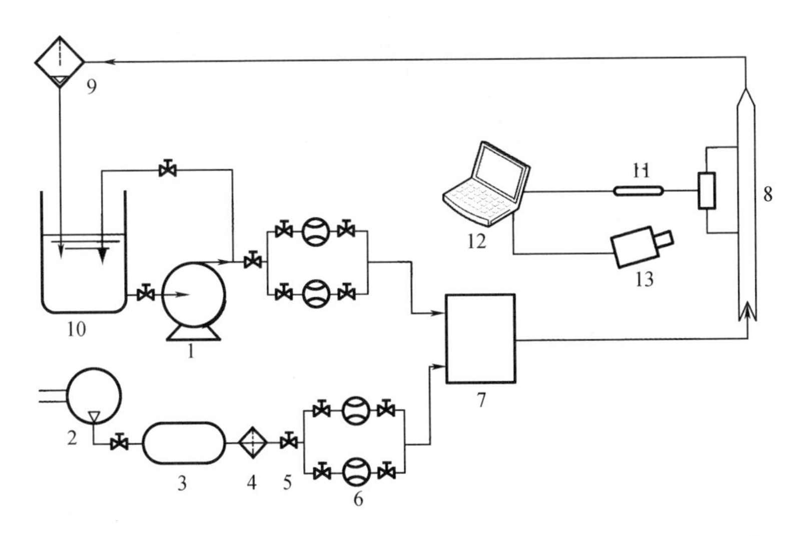

1—水泵;2—空气泵;3—储气罐;4—过滤器;5—稳压阀;6—工况测控段;7—两相混合器;8—φ40 mm 测试管段;9—气水分离器;10—水箱;11—数据采集卡;12—计算机;13—照相机。

图 3.1　气液两相流波动信息测试装置图

气液两相流波动信息的测试方案为:空气和水经稳压后分别进入各自的控制部分,然后通过阀门先将测试管道内液相的流量固定,再通过阀门逐渐增加管道内气相的流量;在通过阀门调控后,空气和水分别进入混相器进行空气-水混合,以完成不同的空气和水的配比;然后混合的流体进入垂直上升测试管段,最后通过旋风分离器将水和空气分开,将剩下的水送回水箱以备循环使用,空气则直接排入大气。每完成一次空气和水的配比后,通过压差传感器和高速照相机记录管内气液两相流流型的演化情况。工况范围:液相流量 Q_{sl} 为 0.5 m^3/h、2.5 m^3/h 和 5 m^3/h 三个固定的流量,气相流量为 $Q_{sg}=0\sim15$ m^3/h。当液相流量被固定为 $Q_{sl}=2.5$ m^3/h 时,随着气相流量的逐渐增加,垂直上升测试管内小尺度气泡聚并成大尺度气泡的过程如图 3.2 所示。

图 3.2 气液两相流气泡聚并过程

3.2 测试系统参数的选取与噪声分析

3.2.1 取压间距的选取

取压孔之间的距离对垂直上升管内气液两相流的压差波动时间序列的测量准确性有着很大的影响,取压孔之间的距离过小,容易导致获得的压差波动时间序列中气弹信息的丢失;而取压孔之间的距离过大,则容易导致获得的压差波动时间序列含有冗余的气泡之间的相互作用[27]。因此,不同研究人员对取压间距的选择差别较大,几种常见的取压间距选择见表 3.1。在测试管段上设置了间距分别为 200 mm、300 mm 和 400 mm 的若干取压孔,以比较不同取压间距对垂直上升管内气液两相流波动信息测试的影响。通过测试发现,相对于 200 mm 和 300 mm 的取压间距,取压间距为 400 mm 时,流型发展比较充分,获取的压差波动时间序列数据可以较好地保留气液两相流动过程的动力学信息。因此,选取的取压间距为 400 mm。

表 3.1　两相流压差时间序列的取压间距表

研究人员	工质	工况	管径/mm	取压间距 /mm	采样频率 /Hz
France 等[4]	气水	水平管	19	152	—
Matsui[271]	气水	垂直管	22	11/200	—
孙斌[232]	气水	水平管	26	130/260/390	512
陈珙[87]	气水	倾斜	40	50	200
劳力云[94]	气水	水平管	40/50	100	—
顾丽莉等[122]	气水	垂直上升管	40	—	250
吴浩江等[272]	油气水	水平管	40	205	71
白博峰等[221]	气水	垂直上升管	20/50	—	50/250
刘彤[273]	气水	水平	50	—	200
Tutu[225]	气水	垂直管	52. 2	26	—

3. 2. 2　采样频率与数据长度的选取

采样频率是气液两相流波动信息测试过程中的重要参数之一,其与时间序列频谱之间的关系是连续时间序列离散化的基本依据。在气液两相流非线性分析中对流动参数采样频率选取得过低,则获取的数据不能反映气液两相流动系统的细节变化;采样频率选取得过高,则又不满足反映动力系统演化的需要。大量的试验研究表明[221,232,274-275],气液两相流的压差波动时间序列的频率较低,频率成分主要处于 50 Hz 以下。奈奎斯特定理(Nyquist theory)[276]指出,当采样频率大于时间序列中最高频率的 2 倍以上时,采样之后获取的数据可以完整地保留原始时间序列中的信息。因此,在本测试系统中采用的 256 Hz 采样频率可以满足垂直上升管内气液两相流压差波动时间序列的测量要求。

通过测试系统获取的数据长度是数据能否完整反映气液两相流流动状态的重要参数之一,数据长度选取的过短会造成气液两相流动态信息的丢失。在低压气液两相流动过程中,当液相流量固定后,气体的流速一般为每秒几米,压力的传播通过 400 mm 取压间距的时间较短,需要设定足够的数据长度来反映完整的流型信息。为了使数据具有足够的冗余,在本测试过程中获取的各组数据长度为 10 240 点,即采集时间为 40 s 的压差波动时间序列。进行数据分析时,选取的数据长度为 5 120 点,即 20 s 的数据,以保证低流速条件下完整气液两相流动信息的获取。

3.2.3 测试系统的噪声分析

在气液两相流波动信息测试系统中,用于垂直上升管内气液两相流动力学特性分析的压差波动时间序列测量结果通常会受到来自下面三个方面的噪声的干扰:

(1)系统设备振动,由测试系统动力部件(空压机、水泵)引起的管道振动对气液两相流压差参数的准确测量造成的干扰。在表观速度较高的情况下,振动产生的脉动会引起液相湍动性的增加进而导致流态结构发生变化。并且管道振动与气液两相流的压差波动时间序列存在的频率重叠现象,也会导致测量结果误差的增大。

(2)静电干扰,测试系统中气体摩擦和电子设备的电磁辐射是引起静电干扰的主要因素,它会在测量上引起零点漂移,从而致使获得的数据失准。

(3)测量工频,由于测试系统中压差波动时间序列获取部分的电源都来自工频电源,这也会对测量结果造成影响。

为了抑制上述的噪声干扰,采取的措施包括:在测试装置上加装紧固装置;在供水管路中,采用弹性接头、弯头、阀门等阻性消振手段以减轻管路振动;在气路方面采用储气罐和稳压阀以减轻管路的振动;水源方面,如在流量要求较小时,采用自来水作为水源。通过将测试设备、计算机以及测量放大电路接地、加宽地线、增大接触面积等措施尽量消除静电和测量工频对测试系统的干扰。

3.3 气液两相流压差时间序列的获取与降噪处理

3.3.1 气液两相流压差时间序列的获取

在已知的工况范围内观察到三种典型的垂直上升管内气液两相流流型,即泡状流、塞状流和混状流,以及它们之间的过渡流型,即泡状流向塞状流的过渡和塞状流向混状流的过渡,如图 3.3 所示。

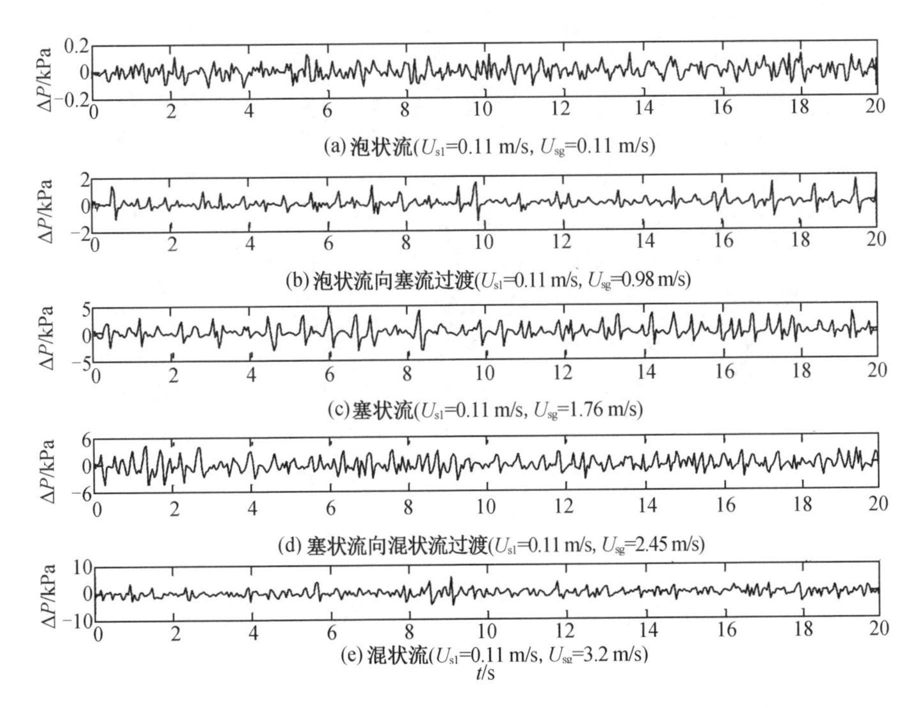

图 3.3　典型垂直上升管道内气液两相流流型的压差时间序列图

在泡状流中,气相以小气泡的形式离散地分布在连续的液相中,此时由于气液两相相界面间随机扰动的脉动频率较高而气泡的能量又比较低,使得泡状流的压差时间序列表现出低幅值高频率的特征,如图 3.3(a)所示。随着气体流量的增加,小气泡开始聚集合并为大气泡,大气泡的直径持续增加,流型由泡状流向塞状流转变,测试管段的压差波动开始增加,如图 3.3(b)所示。随着气体流量的继续增加,流型完全转变为塞状流,大气泡的直径增加至近似于管道内径大小,气液两相流体流经测试管段会产生较大的压差波动,如图 3.3(c)所示。

随着气体流量的进一步增加,流型由塞状流向混状流转变,大气泡的破碎和小气泡的聚并同时发生,使通过测试管段测得的压差波动加剧,如图 3.3(d)所示。随着气体流量的再次增加,流型完全转变为混状流,大气泡和小气泡与液相的混合,使得气液两相界面之间的波动性增强,压差波动变得更大,如图 3.3(e)所示。在整个测试过程中共获得了 178 组垂直上升管内空气-水两相流压差波动时间序列,通过高速照相机监测和记录的不同流动工况所对应的流型,如图 3.4 所示。

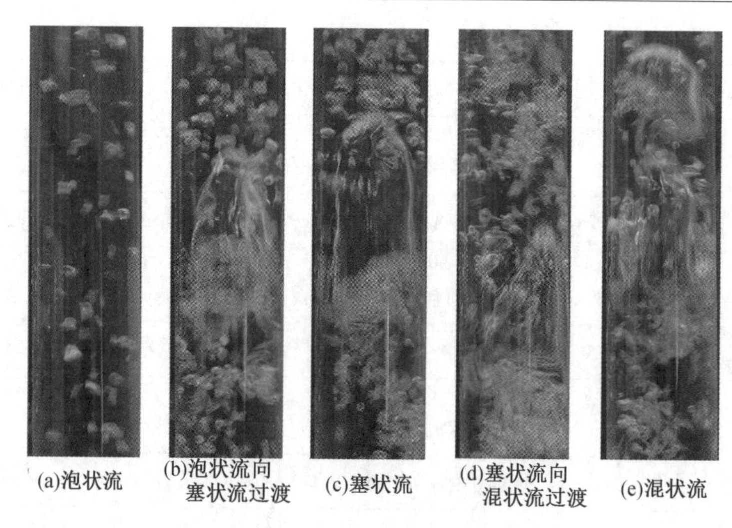

图 3.4 垂直上升管内气液两相流流型图像

3.3.2 气液两相流压差时间序列的降噪处理

经过上一节对测试系统的降噪处理,虽然降低了噪声对测试系统的影响,但是在压差波动时间序列获取过程中还是不可避免会混入噪声。因此,在进行气液两相流非线性动力学特性分析前,采用基于连续均方误差准则的经验模态分解降噪法对测试获得的压差波动时间序列 $s(t)$ 进行降噪处理。该方法的基本思想为[277]:通过找到式(3.1)对应的噪声能量分量分布突变的第 $\bar{k}$ 个 IMF 分量,然后用从第 $\bar{k}+1$ 个开始的所有 IMF 分量对原时间序列进行重构 $\tilde{s}(t)$:

$$\mathrm{CMSE}(\tilde{s}_k,\tilde{s}_{k+1})=\frac{1}{N}\sum_{i=1}^{N}[\mathrm{IMF}_{\bar{k}}(t_i)]^2\quad(\bar{k}=1,2,\cdots,n-1)\tag{3.1}$$

$$\tilde{s}(t)=\sum_{i=k+1}^{N}\mathrm{IMF}_i(t)\tag{3.2}$$

即找到 IMF 能量的全局极小值位置作为噪声起主导作用与时间序列起主导作用的分界点 $\bar{k}$,其定义为

$$\bar{k}=\underset{1\leqslant k\leqslant N}{\operatorname{argmin}}[\mathrm{CMSE}(\tilde{s}_k,\tilde{s}_{k+1})]+1\tag{3.3}$$

泡状流($U_{sl}=0.11$ m/s, $U_{sg}=0.01$ m/s)、塞状流($U_{sl}=0.11$ m/s, $U_{sg}=1.78$ m/s)和混状流($U_{sl}=0.11$ m/s, $U_{sg}=3.2$ m/s)降噪前后的对比,分别如图 3.5 至图 3.7 所示。

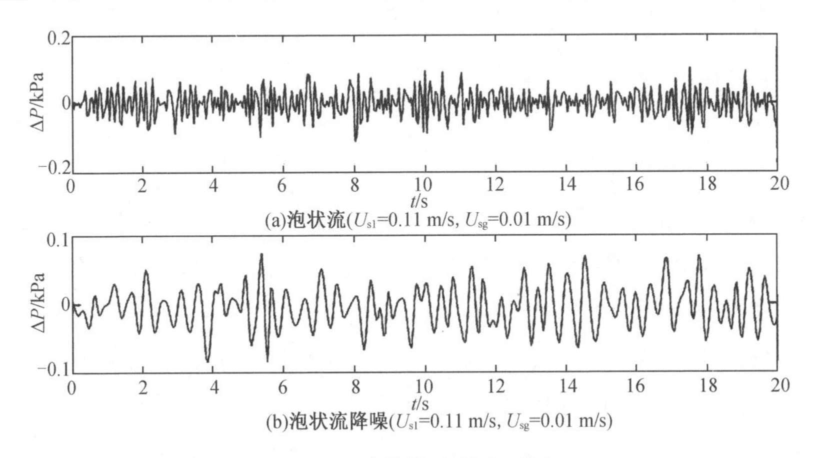

图 3.5 泡状流降噪处理图

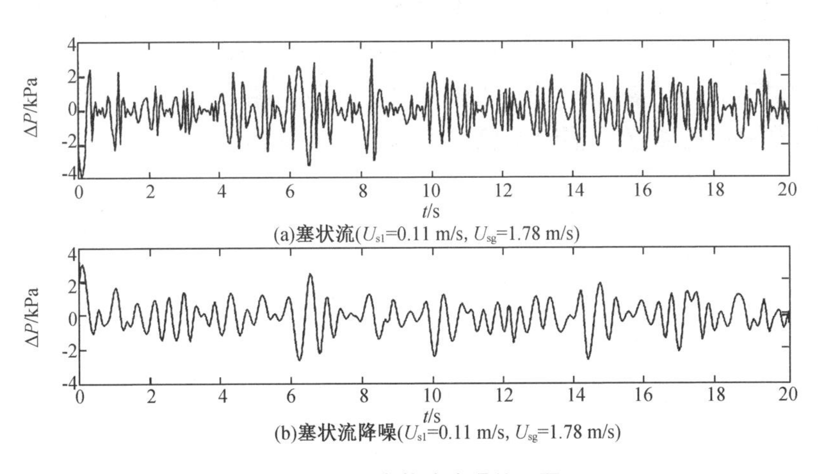

图 3.6 塞状流降噪处理图

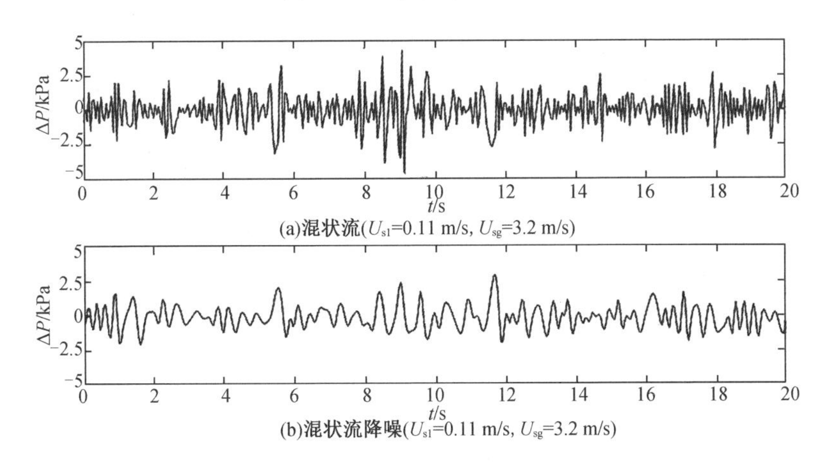

图 3.7 混状流降噪处理图

3.4 本章小结

本章在搭建垂直上升管内气液两相流波动信息测试系统的基础上，对不同取压间距、采样频率以及数据长度的选取对管内气液两相流流型演化过程中压差波动时间序列测量的影响进行了对比分析，进而选取适合测试工况的取压间距、采样频率和数据长度。其后，通过高速照相机和压差传感器对垂直上升管内气液两相流的泡状流、塞状流、混状流以及它们之间过渡流型的图像信息和压差波动时间序列进行了测量记录。通过高速照相机确定的不同配比工况下垂直上升管内气液两相流的流型图像，为后续的基于复杂网络的气液两相流动力学特性的研究提供了流态演化过程的参考图像。最后，基于连续均方误差准则的经验模态分解法对获得的垂直上升管内气液两相流的压差波动时间序列进行了降噪处理，以有效地提取气液两相流的动力学信息。

4　基于经验模态分解与复杂网络的气液两相流流型识别

气液两相流的压差波动时间序列是垂直上升管内气液两相流动力学众多因素的综合体现,其包含着大量的气液两相流动信息。本章基于测试系统获取的不同工况条件下空气-水两相流的压差波动时间序列,通过经验模态分解对空气-水两相流压差波动时间序列的局部能量进行提取,并以此组成空气-水两相流流动特征向量,进而以不同的流动工况为节点,以各流动工况下流动特征向量间的相似性程度为边,建立了气液两相流流态复杂网络。然后,通过基于AP聚类的社团结构划分方法对气液两相流流态复杂网络的社团结构进行分析,获得了流态复杂网络社团结构与不同流型的对应关系。基于经验模态分解与复杂网路的气液两相流流型识别框图如图4.1所示。

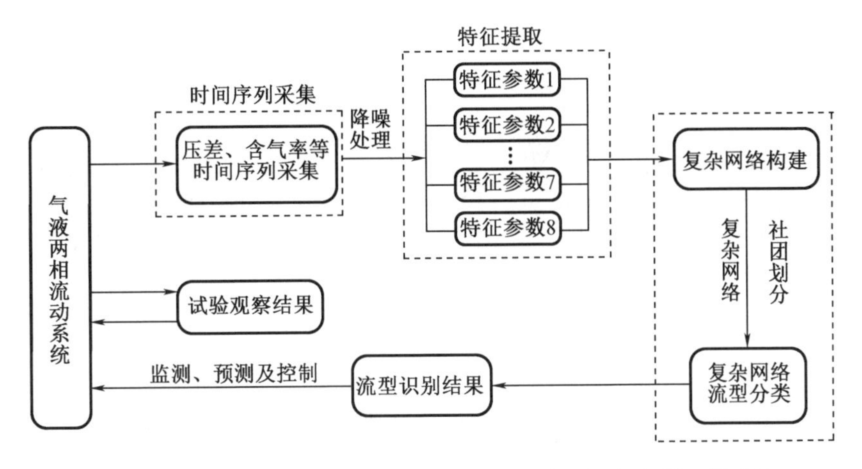

图4.1　基于经验模态分解与复杂网络的气液两相流流型识别框图

4.1 气液两相流流型特征参数的提取

气液两相流的压差波动时间序列中含有丰富的流型演化信息,流型的改变会使某些频带内的压差波动时间序列的能量减小,另外一些频带内的压差波动时间序列的能量增大。通过测试系统获取的空气-水两相流的压差波时间序列,在经过 EMD 分解处理后,可以获得 n 个不同时间尺度下的 IMF 分量,即 $c_1(t),c_2(t),\cdots,c_n(t)$。Ding 等[98]的研究指出固有模态的能量特征值与管内气液两相流的流动状态及流型演化过程密切相关。基于此我们采用经验模态分解法,对垂直上升管内气液两相流压差波动时间序列的局部能量进行提取,并以此作为特征参数以组成流动特征向量。固有模态 IMF 尺度数 n 的选取应该是一个适当的值,尺度数 n 选取得过大会导致气液两相流动力学信息的冗余,而尺度数 n 选取得过小则会导致气液两相流动力学信息的不完整。大量的研究表明[98,103,270,278-279],气液两相流压差波动时间序列的前 8 个固有模态分量中包含着气液两相流流动过程的主要信息。因此,选取垂直上升管内空气-水两相流压差波动时间序列的前 8 个固有模态分量的能量作为流型特征参数。在已设定的工况范围内,通过 EMD 分解对泡状流、塞状流、混状流以及它们之间过渡流型的前 8 个 IMF 分量的获取过程,如图 4.2 至图 4.6 所示。

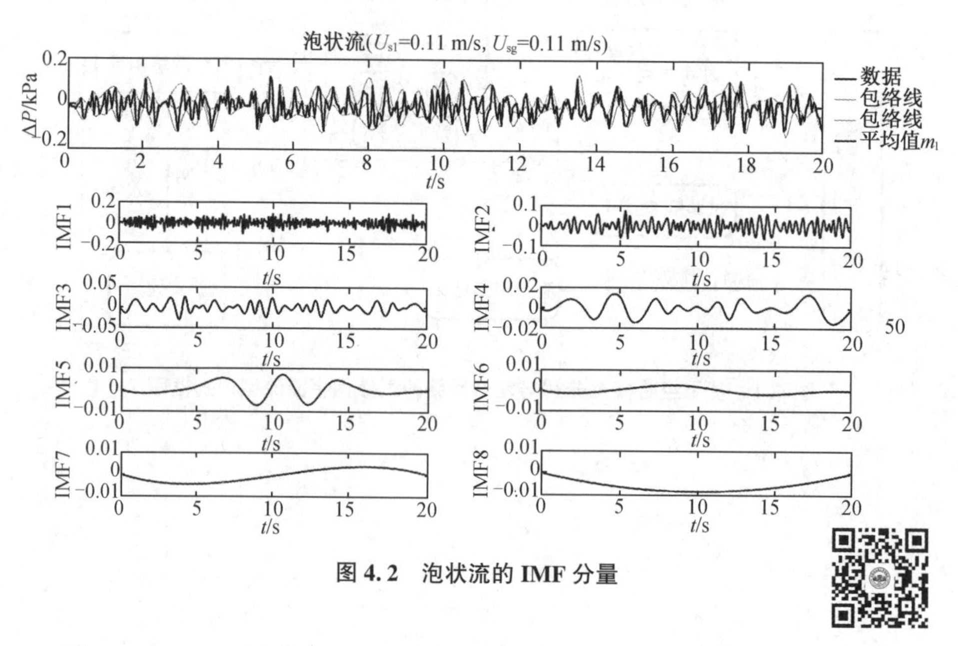

图 4.2 泡状流的 IMF 分量

固有模态分量 IMF 能量 $E_1, E_2, \cdots, E_n$ 的表达式为

$$E_i = \int_{-\infty}^{+\infty} c_i(t)^2 \mathrm{d}t \tag{4.1}$$

式中 E_i——空气-水两相流流动压差时间序列在不同时间尺度下的能量。

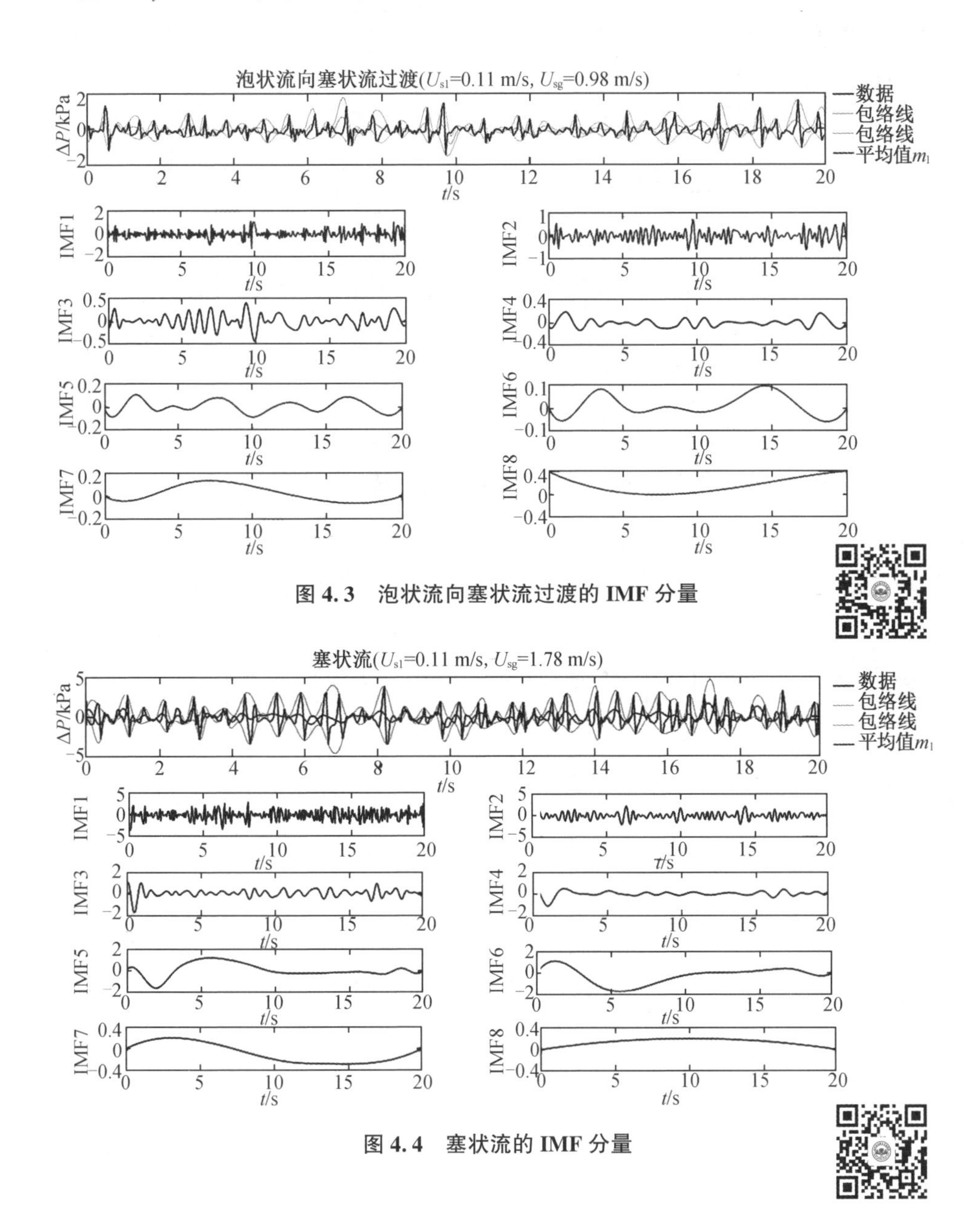

图 4.3 泡状流向塞状流过渡的 IMF 分量

图 4.4 塞状流的 IMF 分量

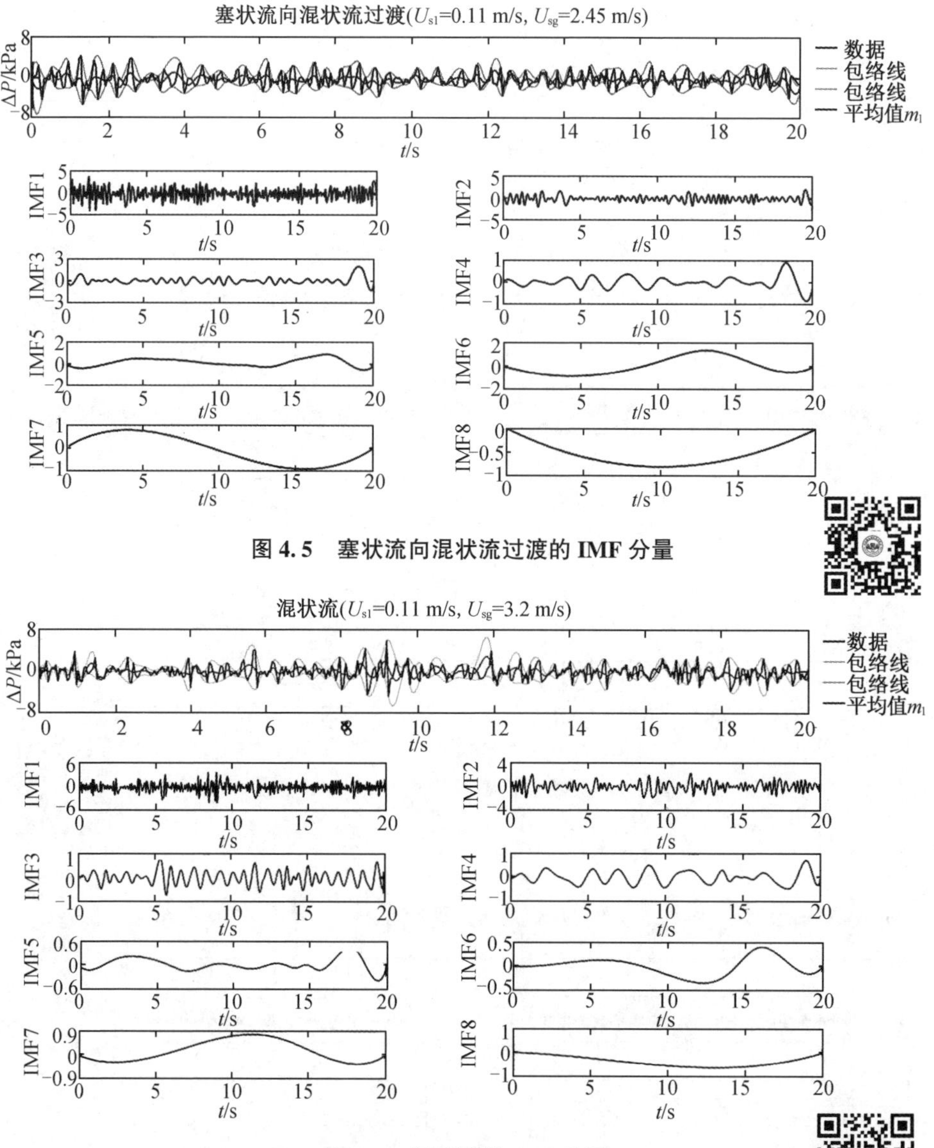

图 4.5　塞状流向混状流过渡的 IMF 分量

图 4.6　混状流的 IMF 分量

以垂直上升管内空气-水两相流压差波动时间序列在不同时间尺度下的能量组成的流动特征向量 $\boldsymbol{T}$,记为

$$\boldsymbol{T}=[E_1,E_2,\cdots,E_8] \tag{4.2}$$

为了便于计算,对 $\boldsymbol{T}$ 进行归一化处理,即

$$\boldsymbol{T}'=[E_1/E_{\mathrm{T}},E_2/E_{\mathrm{T}},\cdots,E_8/E_{\mathrm{T}}] \tag{4.3}$$

其中,$E_{\mathrm{T}}=\sum_{i=1}^{8}E_i$,为总能量。

4.2　气液两相流流态复杂网络的构建方法

在通过EMD分解提取压差波动时间序列,在不同时间尺度下的能量组成流动特征向量 $\boldsymbol{T}$ 后,将不同工况条件下获得的压差波动时间序列抽象为节点,以不同工况条件对应的流动特征向量间的相似程度为边,构建了垂直上升管内空气-水两相流流态复杂网络。对于不同工况条件对应的流动特征向量之间的相似程度的度量方式,采用的是在相似性问题研究中常用的欧氏距离 M_{E}。不同工况条件下压差波动时间序列的相似性系数 $S(i,j)$ 的表达式为

$$S(i,j)=M_{\mathrm{E}}(i,j)^{-1}=\left\{\sum_{k=1}^{m}\left[\boldsymbol{T}'_{i}(k)-\boldsymbol{T}'_{j}(k)\right]^{2}\right\}^{-\frac{1}{2}} \tag{4.4}$$

式中　$\boldsymbol{T}'_i$——流动条件 i 的特征向量;

$\boldsymbol{T}'_j$——流动条件 j 的特征向量;

m——特征向量的维数。

计算各工况条件下获得的压差波动时间序列的相似程度系数 $S(i,j)$,可以得到一个对称的相似程度矩阵 $\boldsymbol{S}$,其中每个元素 $S(i,j)$ 表示工况条件 i 与 j 之间的相似程度。选择一个适合的阈值 r_{s},可以使相似程度矩阵 $\boldsymbol{S}$ 转化为网络连接矩阵 $\boldsymbol{A}$,其表达式为

$$A(i,j)=\begin{cases}1,(|S(i,j)|\geqslant r_{\mathrm{s}})\\0,(|S(i,j)|<r_{\mathrm{s}})\end{cases} \tag{4.5}$$

若相似程度系数 $S(i,j)$ 大于等于 r_{s},则认为工况条件 i 与工况条件 j 对应的流态是相似的,其在网络连接矩阵 $\boldsymbol{A}$ 中相应的元素值为1;若相似程度系数 $S(i,j)$ 小于 r_{s},则认为工况条件 i 与工况条件 j 对应的流态是不相似的,其在网络连接矩阵 $\boldsymbol{A}$ 中相应的元素值为0。

4.2.1　流态复杂网络阈值的选取

在基于多组时间序列相关性或相似性建立的复杂网络中,阈值 r_s 的选取目前还没有一个确定的准则。高忠科[8]的研究指出当网络模块度的变化范围在某个阈值取值邻域内为±2%时,可以认为网络整体结构是相对稳定的,该阈值即为关键阈值 r_{s}。因此,采用基于网络模块度[280-281]相对稳定性的阈值选取方法对空气-水流态复杂网络的关键阈值 r_{s} 进行选取。网络模块度 Q_{c} 的物理含

义是网络中社团内部边的比例减去在同社团结构下随机连接节点的边的比例的期望值,其定义为

$$Q_c(F) = \sum_i (f_{ij} - a_i^2) = \frac{1}{2m}\sum_{i,j}\left(A_{ij} - \frac{k_i k_j}{2m}\right)\delta(c_i, c_j) \tag{4.6}$$

式中 m——网络的总边数;

A——网络的连接矩阵;

A_{ij}——节点 i 与节点 j 的边连;

k_i——节点 i 的度;

c_i——节点 i 所在的社团。

当节点 i 和 j 属于同一社团时,$\delta(c_i,c_j)=1$,否则 $\delta(c_i,c_j)=0$。

网络模块度 Q_c 的值越大,则网络的社团结构越明显,通常认为 $Q\geqslant 0.3$ 时网络具有明显的社团结构。图 4.7 给出了不同延时参数 τ 下网络模块度 Q_c 随阈值增加的变化情况,其中延时参数 τ 是通过 C-C 算法确定的。从图 4.7 中可以发现当 $\tau=9\Delta t$,阈值 r_s 在 0.925~0.975 变化时,相应的网络模块度 Q_c 相对稳定且最大,因此选择阈值 $r_s=0.96$ 作为关键阈值。

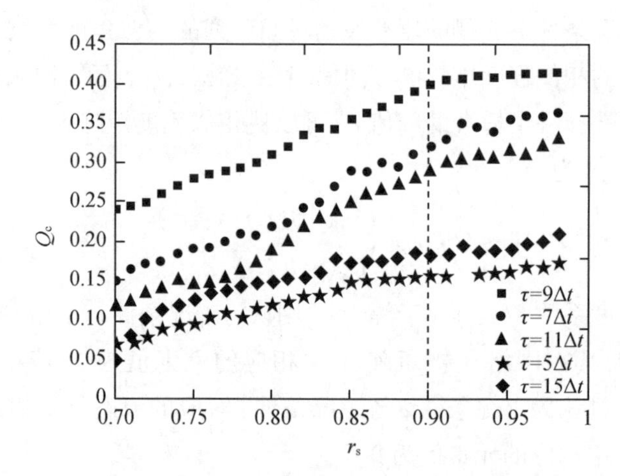

图 4.7 流态复杂网络阈值与模块度关系图

4.2.2 网络社团结构的划分

在 Watts 和 Strogatz、Barabasi 和 Albert 分别揭示了复杂网络理小世界特征和无标度的性质后,来自不同领域的研究人员对于大量的现实网络进行了实证性研究,发现绝大多数现实复杂网络除了具有小世界性和无标度性外,整个网络还呈现出类似物以类聚的拓扑结构——社团。基于这种拓扑结构,在 Frey 和

Dueck[282]提出的吸引子传播(affinity propagation, AP)聚类算法的基础上,提出了基于 AP 聚类的社团结构划分方法,并通过算例验证对其有效性进行了验证。

1. 基于 AP 聚类的社团结构划分方法

在现实复杂网络中,所有的节点并不都具有相同的重要性,这就使得具有重要地位或作用的节点在网络中具有较大的影响力。因此,基于节点在网络中重要程度的不同,可以将网络划分为不同的社团结构。聚类分析是数据挖掘的一个重要算法,同时也是研究分类问题的一种统计分析方法。在以相似性为基础的聚类分析中,类内样本之间的相似程度比类间样本之间的相似程度更高。网络的社团结构划分与数据的聚类分析有许多相似之处,可以将聚类分析引入复杂网络社团结构的划分中。聚类分析在复杂网络社团结构划分上的应用需要解决两个问题:首先是网络中各节点间的联系在特征向量空间中的表述,以垂直上升管内空气-水两相流压差波动时间序列在不同时间尺度下的能量作为流动特征向量;其次是如何将聚类结果还原为相应的网络社团结构,采用 AP 聚类算法解决这个问题。

AP 聚类算法对复杂网络社团结构划分的基本思想是将全部的样本看成网络的节点,并将所有的节点视为可能的聚类中心,然后通过网络节点间信息的传递,计算出样本的聚类中心以及归属节点。主要有两种信息,即吸引度 $r(i,j)$ 和隶属度 $a(i,j)$,在网络节点间传递。吸引度 $r(i,j)$ 表示的是从节点 i 到候选聚类中心点 j 的数值消息,其反映的是节点 j 对点 i 的吸引程度,其表达式为

$$r(i,j)=s(i,j)-\max_{j' s.t. j'\neq j}\{a(i,j')-s(i,j')\} \tag{4.7}$$

隶属度 $a(i,j)$ 则表示的是从候选聚类中心 j 到节点 i 的数值信息,反映的是节点 i 对节点 j 的隶属程度,即节点 i 是否选择节点 j 作为其聚类中心,其表达式为

$$a(i,j)=\min\left\{0,r(j,j)+\sum_{i' s.t. i'\notin\{i,j\}}\max\{0,r(i',j)\}\right\} \tag{4.8}$$

2. 算例验证

Zachary 的空手道俱乐部网络[283]是复杂网络社团结构分析中的经典问题,以 Zachary 的关系网络作为算例对基于 AP 聚类的社团结构划方法的有效性进行验证。Zachary 的俱乐部成员关系网是在对 20 世纪 70 年代美国一所大学的空手道俱乐部成员间的相互社会关系进行观察的基础上获得的,如图 4.8 所示。在观察中发现由于校长与俱乐部主席对俱乐部的收费问题意见的不同,致使该俱乐部被分裂成分别以校长和主席为核心的两个小团体,图 4.8 中节点 1 代表主席,节点 33 代表校长,而圆形和方形的节点则分别代表分裂后两个小团

体的成员。

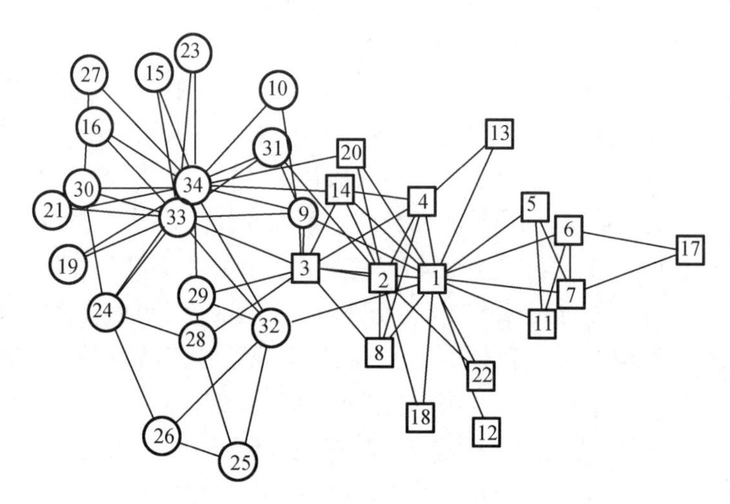

图 4.8　Zachary 的空手道俱乐部成员关系网络[283]

基于 Zachary 关系网的原始数据,应用基于 AP 聚类的社团结构划分方法,获得的空手道俱乐部网络社团结构,如图 4.9 所示。在对 Zachary 的关系网络进行分析时,只有节点 9 和节点 20 的社团归属情况与 Zachary 的关系网络存在一定的偏差,这主要是由于节点 9 和节点 20 位于两个社团的交界处,两个社团的核心对它们的吸引度比较接近,因此带来的社团归属上的误差。对 Zachary 关系网络社团结构的划分表明基于 AP 聚类的社团结构划分算法是可以有效揭示空手道俱乐部关系网中各成员之间关系的。

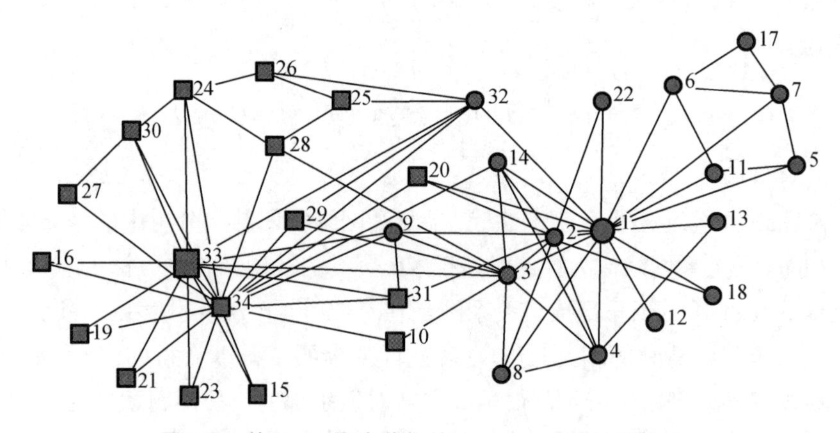

图 4.9　基于 AP 聚类获得的 Zachary 网络社团结构

4.3 气液两相流流态复杂网络分析

4.3.1 气液两相流流型的识别

在已建立的垂直上升管内空气-水两相流流态复杂网络基础上，通过基于AP聚类的社团结构划分方法对流态复杂网络社团结构进行分析获得的社团结构，如图4.10所示。图4.10中不同编号的节点表示不同工况条件下获得的流型压差波动时间序列，如节点3表示的是垂直上升管内空气-水两相流动过程中气相流量为 $Q_g=0.1\ m^3/h$、液相流量为 $Q_l=0.5\ m^3/h$ 混合后形成的工况条件下出现的泡状流。图4.10中所示的社团结构从左到右分别记为社团 A、B 和 C，其中 A 社团以节点17（$U_{sg}=0.14\ m/s$，$U_{sl}=0.11\ m/s$）为中心节点，包含21个节点，B 社团以节点49（$U_{sg}=1.92\ m/s$，$U_{sl}=0.11\ m/s$）为中心节点，包含29个节点，C 社团以节点83（$U_{sg}=2.83\ m/s$，$U_{sl}=0.05\ m/s$）为中心节点，包含40个节点。通过与相应工况条件下记录的流型图像信息对比发现，A 社团中的节点主要对应于泡状流，其与 B 社团之间连接紧密的节点则主要对应于泡状流向塞状流的过渡流态；B 社团中的节点主要对应于塞状流，其与 C 社团之间连接紧密的节点则主要对应于塞状流向混状流的过渡流态；社团 C 中的节点则主要对应于混状流。

从图4.10可以发现隶属于 A 社团的节点19（$U_{sg}=0.73\ m/s$，$U_{sl}=0.05\ m/s$）和节点20（$U_{sg}=0.87\ m/s$，$U_{sl}=0.05\ m/s$）被划入了对应于塞状流的社团 B 中，而隶属于 B 社团的节点23（$U_{sg}=0.9\ m/s$，$U_{sl}=0.11\ m/s$）和节点24（$U_{sg}=0.94\ m/s$，$U_{sl}=0.11\ m/s$）则被划入了主要对应于泡状流的 A 社团。隶属于 C 社团中的节点58（$U_{sg}=2.57\ m/s$，$U_{sl}=0.11\ m/s$）被划入主要对应于塞状流的 B 社团中，而 B 社团中的节点48（$U_{sg}=2.48\ m/s$，$U_{sl}=0.11\ m/s$）则划入对应于混状流的 C 社团。这种情况的出现主要是由于过渡流型的存在，采用基于AP聚类的社团结构划分方法通过各节点之间相似程度进行社团结构划分，而过渡流型的特征常介于其相近流型的特征之间，对应的节点之间相似程度比较高，因此引起识别结果的一些偏差。通过基于AP聚类的社团结构划分方法对垂直上升管内空气-水两相流态复杂网络社团结构的分析，找出了网络社团结构与不同流型之间的对应关系，实现了对泡状流、塞状流、混状流及其过渡流型的识别效果。

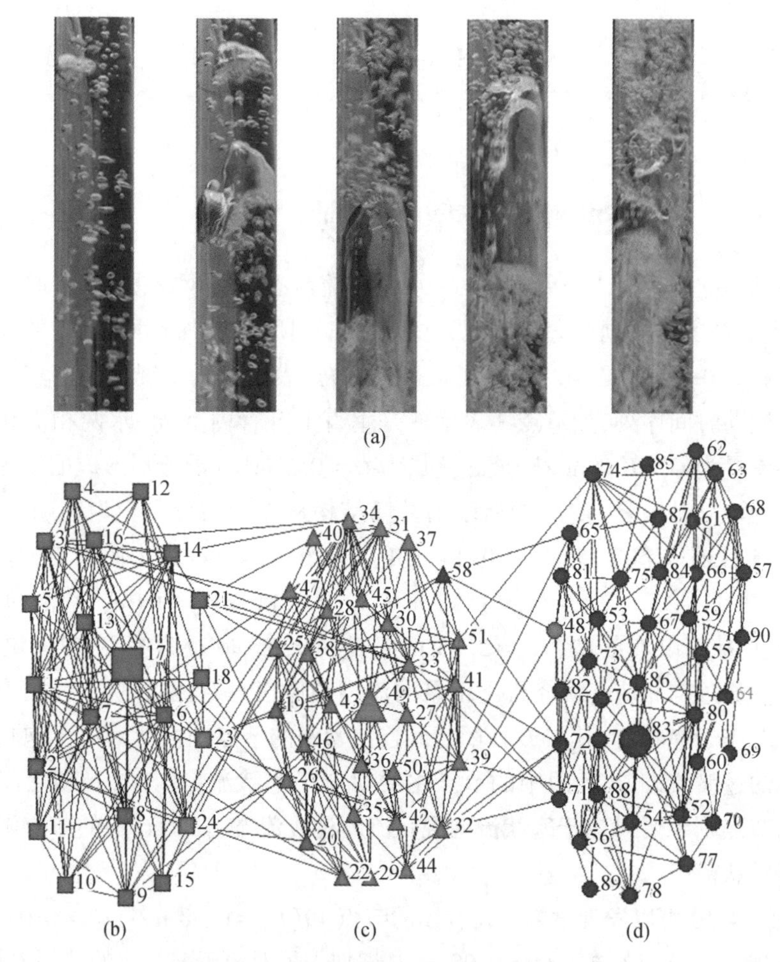

图 4.10　气液两相流流态复杂网络社团结构图

4.3.2　气液两相流压差波动时间序列的能量分布

不同时间尺度下不同流型的压差波动时间序列的能量分布见表 4.1。从表 4.1 中可以发现在流型由泡状流向混状流演化的过程中，随着气体流量的增加，垂直上升管内气液两相流的压差波动时间序列能量呈现上升的趋势，即

泡状流<塞状流<混状流

表 4.1 不同流型压差波动时间序列能量分布表

流型	总能量 E_T	E_1/E_T	E_2/E_T	E_{3-4}/E_T	E_{5-8}/E_T
泡状流	$10^4 \sim 10^5$	>60%	<30%	<5%	<5%
泡状流-塞状流	$10^5 \sim 10^6$	>55%	<20%	5%~10%	5%~15%
塞状流	约 10^6	35%~45%	<20%	<5%	>30%
塞状流-混状流	$10^6 \sim 10^7$	>50%	10%~20%	5%~10%	20%~30%
混状流	约 10^7	>55%	<20%	5%~10%	<20%

在泡状流中气相主要以小气泡的形式存在,大气泡比较少,气泡浓度相对较低,此时表征大气泡运动的低频分量的能量 E_{5-8} 很小,能量主要集中在表征液体脉动或相界面湍动的高频分量 E_1 和 E_2 上;随着气泡浓度的增加,泡状流开始向塞状流转变,小气泡开始聚并为大气泡,大尺度的气泡波动增强,两相相界面湍动的随机性降低,此时表征大气泡运动的低频分量的能量 E_{5-8} 增高,而高频分量的能量 E_1 和 E_2 则开始下降;随着气泡浓度的持续增加,流型由泡状流进入塞状流,接近管道内径的大气泡与液塞的交替出现,使得两相相界面之间的运动变得相对简单,此时表征大气泡运动的低频分量的能量 E_{5-8} 增至最高,而表征液体脉动或相界面湍动的高频分量的能量 E_1 和 E_2 则降至最低;随着气泡浓度的进一步增加,流型从塞状流向混状流转变,此时由于大气泡的破碎和小气泡聚并的同时发生,使得两相界面湍动的随机性又开始增强,表征液体脉动或相界面湍动的高频分量的能量 E_1 和 E_2 开始升高,而表征大气泡运动的低频部分的能量 E_{5-8} 则开始下降;当流型完全转变为混状流时,管道内气液两相间的运动更加混乱,此时表征液体脉动或相界面湍动的高频分量的能量 E_1 和 E_2 继续升高,表征大气泡运动的低频部分的能量 E_{5-8} 继续下降。上述的分析表明,垂直上升管内空气-水两相流的压差波动时间序列在不同时间尺度下的能量分布与气液两相流流型的转变过程密切相关,可以作为一种定性的垂直上升管内气液两相流流型识别的判据。

4.4 本章小结

本章在将经验模态分解与复杂网络相结合的基础上,提出了一种基于压差波动时间序列相似性的垂直上升管内气液两相流流态复杂网络构建方法。首先,通过 EMD 分解对垂直上升管内空气-水两相流的压差波动时间序列进行流型特征参数提取以组成流动特征向量。其后,将不同工况条件下流型的压差波动时间序列抽象为节点,以不同工况条件对应的流动特征向量之间的相似程度为边连,构建了垂直上升管内空气-水两相流流态复杂网络。在此基础上,提出了一种基于 AP 聚类的复杂网络社团结构划分方法,并通过真实算例验证了该方法的有效性。通过对垂直管内上升空气-水两相流流态复杂网络社团结构进行了分析,获得了流态复杂网络中社团与不同流型的对应关系,从而识别出垂直上升管内包括过渡流型在内的五种流型。并且发现垂直上升管内空气-水两相流的压差波动时间序列在不同时间尺度下的能量分布与气液两相流流型的转变过程密切相关。

5　气液两相流动力学特性分析

气液两相流非线性动力学行为的研究对解决存在于石油、化工、核工业等领域的两相流动问题具有重要的意义。为了揭示垂直上升管内气液两相流流型演化过程的非线性动力学特性,本章以垂直上升管内空气-水两相流为研究对象,在获取空气-水两相流流型演化过程压差波动时间序列的基础上,构建并分析了对应于不同流型的流态演化复杂网络。

5.1　气液两相流流态演化复杂网络构建方法

5.1.1　流态演化复杂网络的构建

复杂网络可以描述许多包含大量单元或子系统的复杂系统。垂直上升管内气液两相流流态演化复杂网络作为一个抽象的网络,其包含两个可调参数,即阈值 r_s 和时间序列长度 L。为了研究垂直上升管内气液两相流的非线性动力学特性,我们将垂直上升管内气液两相流流型的压差波动时间序列片段抽象为节点,以各时间序列片段之间的相似程度作为节点间的边连,构建了 178 组垂直上升管内气液两相流流态演化复杂网络。以一组塞状流的压差波动时间序列 $\{y_1, y_2, y_3, \cdots, y_{N-1}, y_N\}$ 为例,如图 5.1 所示,从压差波动时间序列中获取长度为 L 的所有序列片段:

$$\begin{gathered}\{X_1=(y_1, y_2, \cdots, y_L)\} \\ \{X_2=(y_2, y_3, \cdots, y_{L+1})\} \\ \vdots \\ \{X_{m-1}=(y_{m-1}, y_m, \cdots, y_{L+m-2})\} \\ \{X_m=(y_m, y_{m+1}, \cdots, y_{L+m-1}) \mid m=1,2,\cdots,N-L+1\}\end{gathered} \tag{5.1}$$

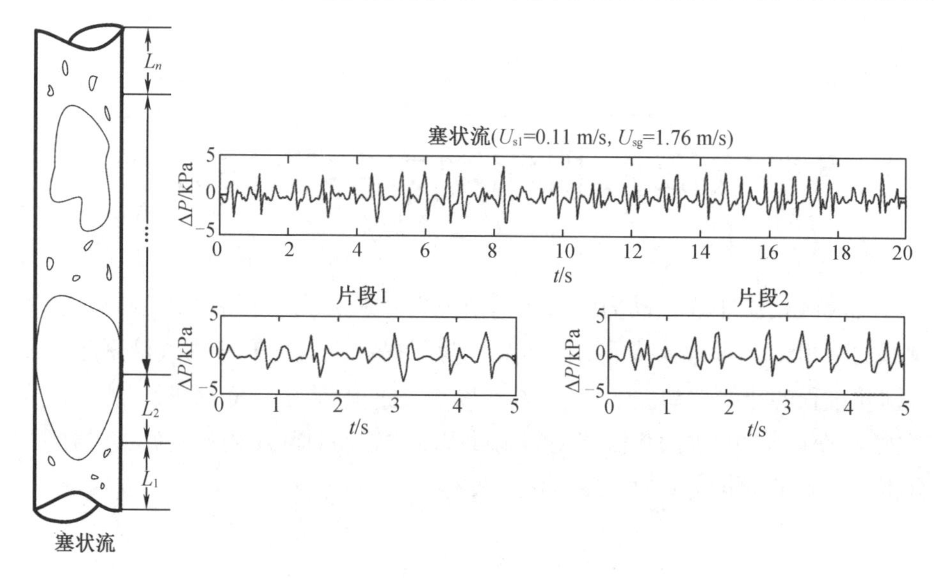

图 5.1　塞状流压差波动时间序列片段

对于任意两个压差波动时间序列片段 X_i 和 X_j，以欧氏距离度量它们之间的相似程度，获得的相似性系数 $S(i,j)$：

$$S(i,j)=\frac{1}{M_{\mathrm{E}}(i,j)} \tag{5.2}$$

式中

$$M_{\mathrm{E}}(i,j)=\left\{\sum_{k=1}^{L}\left[X_i(k)-X_j(k)\right]^2\right\}^{\frac{1}{2}} \tag{5.3}$$

式中　$M_{\mathrm{E}}(i,j)$——节点 i 和 j 的欧氏距离；

$S(i,j)$——序列片段 X_i 和 X_j 的相似性系数。

$S(i,j)$ 表示的是节点 i 和 j 对应压差波动时间序列片段之间的相似程度，通过计算各节点对之间的相似性系数 $S(i,j)$ 可以获得一个对称的相似性矩阵 $\boldsymbol{S}$。选取适当的阈值 r_{s}，相似性矩阵 $\boldsymbol{S}$ 可以转换为网络邻接矩阵 $\boldsymbol{A}$：

$$A_{ij}=\begin{cases}1,(\,|S_{ij}|\geqslant r_{\mathrm{s}})\\0,(\,|S_{ij}|<r_{\mathrm{s}})\end{cases} \tag{5.4}$$

A_{ij} 表示的是节点 i 和 j 的连接状态，当 $|S_{ij}|\geqslant r_{\mathrm{s}}$ 时节点 i 和 j 之间存在边连，而当 $|S_{ij}|<r_{\mathrm{s}}$ 时则节点 i 和 j 之间不存在边连。流态演化复杂网络中所有的节点、边连以及拓扑结构都可以通过网络邻接矩阵 $\boldsymbol{A}$ 来描述。

5.1.2　阈值与时间序列长度的选取

阈值 r_{s} 和时间序列长度 L 是构建垂直上升管内气液两相流流态演化复杂

网络的两个重要的参数。Rho 等[284]对相关性复杂网络度分布的研究指出当选取的阈值能够使构建的复杂网络具有无标度性，即网络的度分布 $p(k)$ 服从幂律分布时，即可认为该阈值为关键阈值 r_s。通过关键阈值 r_s 可以有效地挖掘蕴含在相似性系数矩阵 $\boldsymbol{S}$ 中的重要信息。

如图 5.2 所示，以流动条件：$U_{sl}=0.5$ m/s，$U_{sg}=1.43$ m/s 的垂直上升管内气液两相流塞状流流态演化复杂网络为例，对关键阈值 r_s 的选取过程进行阐述。随着决定网络边连数的阈值增加或减小，网络中的边连数开始减少或增加，使得网络的重要统计特性，即度分布出现波动，直到网络度分布指数 γ 被淹没在统计噪声中。通过对塞状流流态演化复杂网络的演化特性进行分析后，发现当阈值为 $r_s=0.96$ 时流态演化复杂网络呈现出明显的无标度性，对应的网络蕴含着丰富的流型演化动力学信息，如图 5.2(b)所示。因此，选择 $r_s=0.96$ 作为关键阈值。

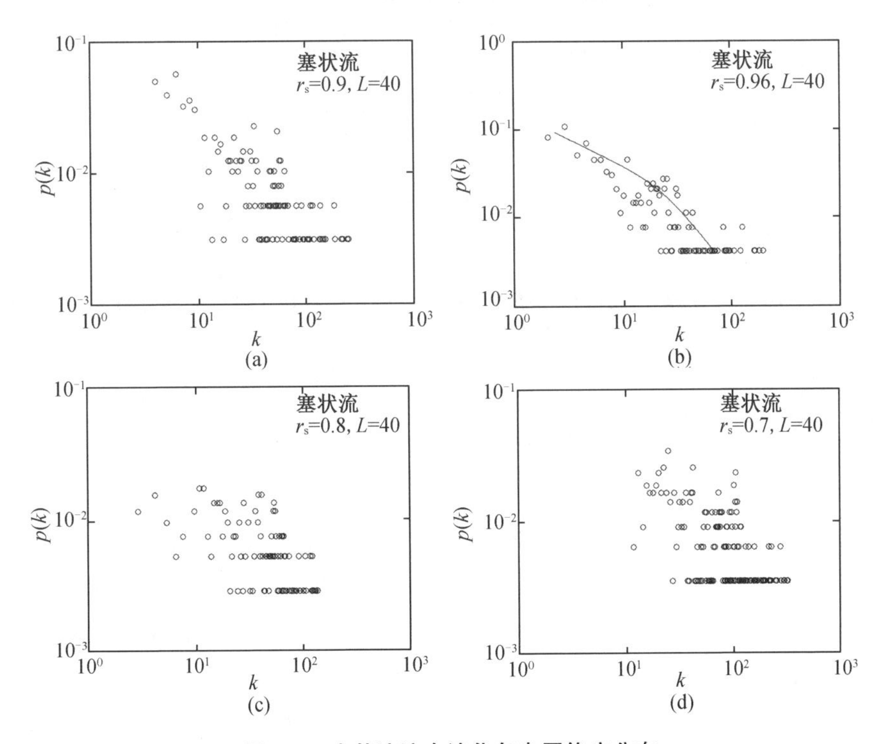

图 5.2 塞状流流态演化复杂网络度分布

时间序列长度 L 是构建垂直上升管内气液两相流流态演化复杂网络的另一个重要参数。时间序列长度 L 的取值太小，会导致过高的相关性；而时间序列长度 L 的取值太大则又会抑制由有限长度导致的统计波动。Gao 等[7]的研究指出如果可以找到一个时间序列片段长度 L 变化区间,使得网络的度分布指数保持平稳,则生成的网络可用于有效地揭示蕴含在时间序列中的重要物理信息。因此,以逐步增加时间序列片段长度 L 的方式来改变流态演化复杂网络的度分布,以寻找可以使度分布指数保持稳定的时间序列片段 L 变化区间,进而选取一个恰当的时间序列长度 L。网络的度分布指数随时间序列片段长度 L 逐步增加的分布情况,如图 5.3 所示。当时间序列片段长度 L 在 35~50 变化时,生成的流态演化复杂网络度分布指数相对保持平稳。因此,选取 $L=40$,阈值 $r_s=0.96$ 构建垂直上升管内气液两相流流态演化复杂网络。

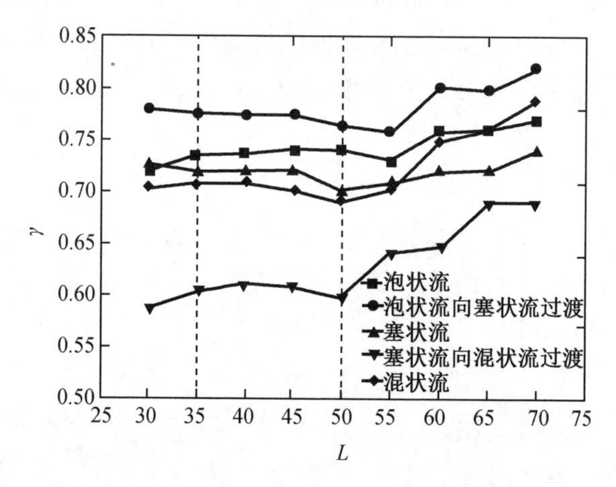

图 5.3　流态演化复杂网络度分布指数随序列片段长度变化的分布

5.2　流态演化复杂网络的统计特性

选取对应于三种典型流型和两种过渡流型的气液两相流压差波动时间序列分别构建五个流态演化复杂网络。通过分析不同流型对应的流态演化复杂网络度分布 $p(k)$ 发现,五种流型对应的流态演化复杂网络都呈现出无标度性,其度分布情况如图 5.4 所示。

为了揭示流态演化复杂网络度分布指数 γ 随流型演化的分布情况,我们构建了 45 组对应于垂直上升管内泡状流向混状流演化过程的流态演化复杂网络,网络度分布指数 γ 的分布情况如图 5.5 所示。从图 5.5 中可以发现泡状流对应的网络度分布指数 γ 较大,随着气相表观速度 U_{sg} 的增加,流型由泡状流向塞状流转换,在这个过程中网络度分布指数 γ 持续减小;当流型完全转变为塞状流时对应

的网络度分布指数 γ 降至最低；随着气相表观速度 U_{sg} 的持续增加，流型由塞状流向混状流转化，在这个过程中网络度分布指数 γ 又开始逐步增大；流型发展到混状流时对应的网络度分布指数 γ 与泡状流时的分布范围相接近。

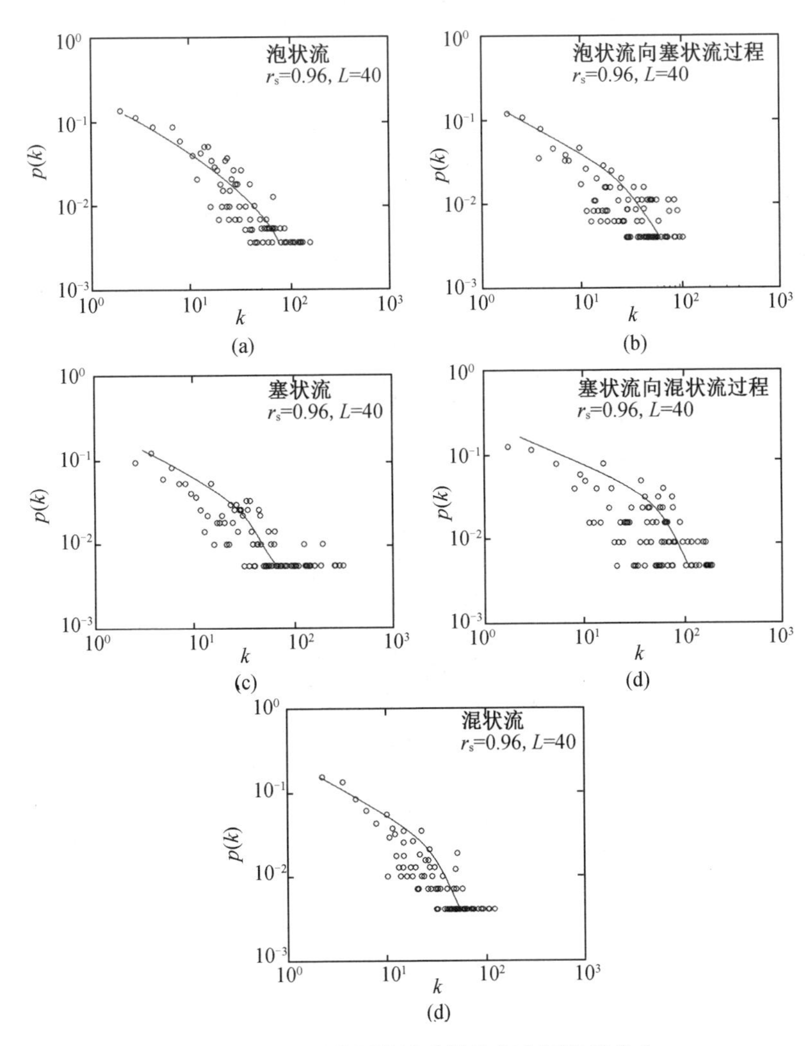

图 5.4　不同流型的流态演化复杂网络度分布

小世界性和无标度性是复杂网络的两个重要特征，90 组不同流动条件下泡状流、塞状流及混状流对应的流态演化复杂网络（400 节点）的平均聚集系数和平均路径的分布情况如图 5.6 所示。从图 5.6 中可以发现泡状流、塞状流和混状流对应的流态演化复杂网络同时呈现出大的聚集系数和小的平均路径现象，垂直上升管内气液两相流的流态演化复杂网络具有明显的小世界性。

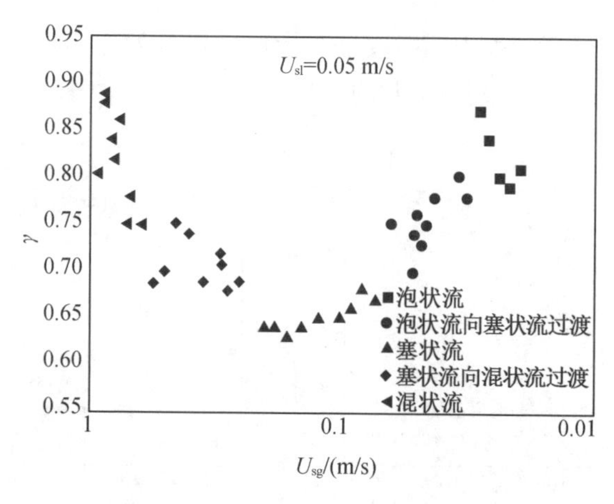

图 5.5　气液两相流流态演化复杂网络度分布指数分布

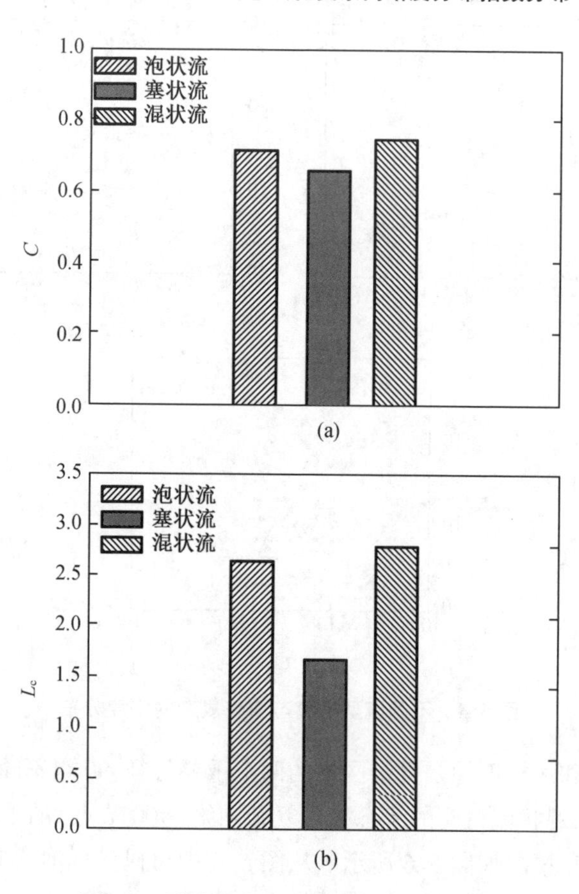

图 5.6　流态演化复杂网络的小世界特性

5.3 气液两相流流态演化复杂网络动力学特性分析

在构建对应于不同流型的流态演化复杂网络过程中,发现当阈值与相似性系数矩阵的均值满足表5.1中的比例时,不同流型对应的流态演化复杂网络呈现出不同的社团结构,如图5.7所示。在泡状流中,由于气相以离散的小气泡形式随机地分布在连续的液相中,其流态演化复杂网络呈现出小而多的社团结构;而随着气相表观速度的增加,离散的小气泡开始在连续的液相中聚并,最终形成液相与气相交替出现的塞状流,其流态演化复杂网络呈现出大而少的社团结构;随着气相表观速度的继续增加,塞状流中的大气泡开始破裂和聚并,最终形成气相与液相呈现分布较混乱的混状流,其流态演化复杂网络呈现出比塞状流更复杂的社团结构。

表5.1 阈值与相似性矩阵均值关系表

流型	泡状流	段塞流	混状流
$T=\overline{S}/r_s$	0.45~0.6	0.49~0.61	0.56~0.62

通过计算对应不同工况条件下的178组流态演化复杂网络信息熵,获得的信息熵随流型由泡状流向混状流演化的分布情况如图5.8所示。从图5.8中可以发现随着液相流量的增加,归一化的网络信息熵呈现上升的趋势。以液相流量为2.5 m^3/h,气相流量为0~15 m^3/h为例,对于气相表观速度较低的泡状流,一定数量的小气泡随机的分布在连续的液相中,气泡运动的随机性较强,其相应的网络呈现出较大的网络信息熵。

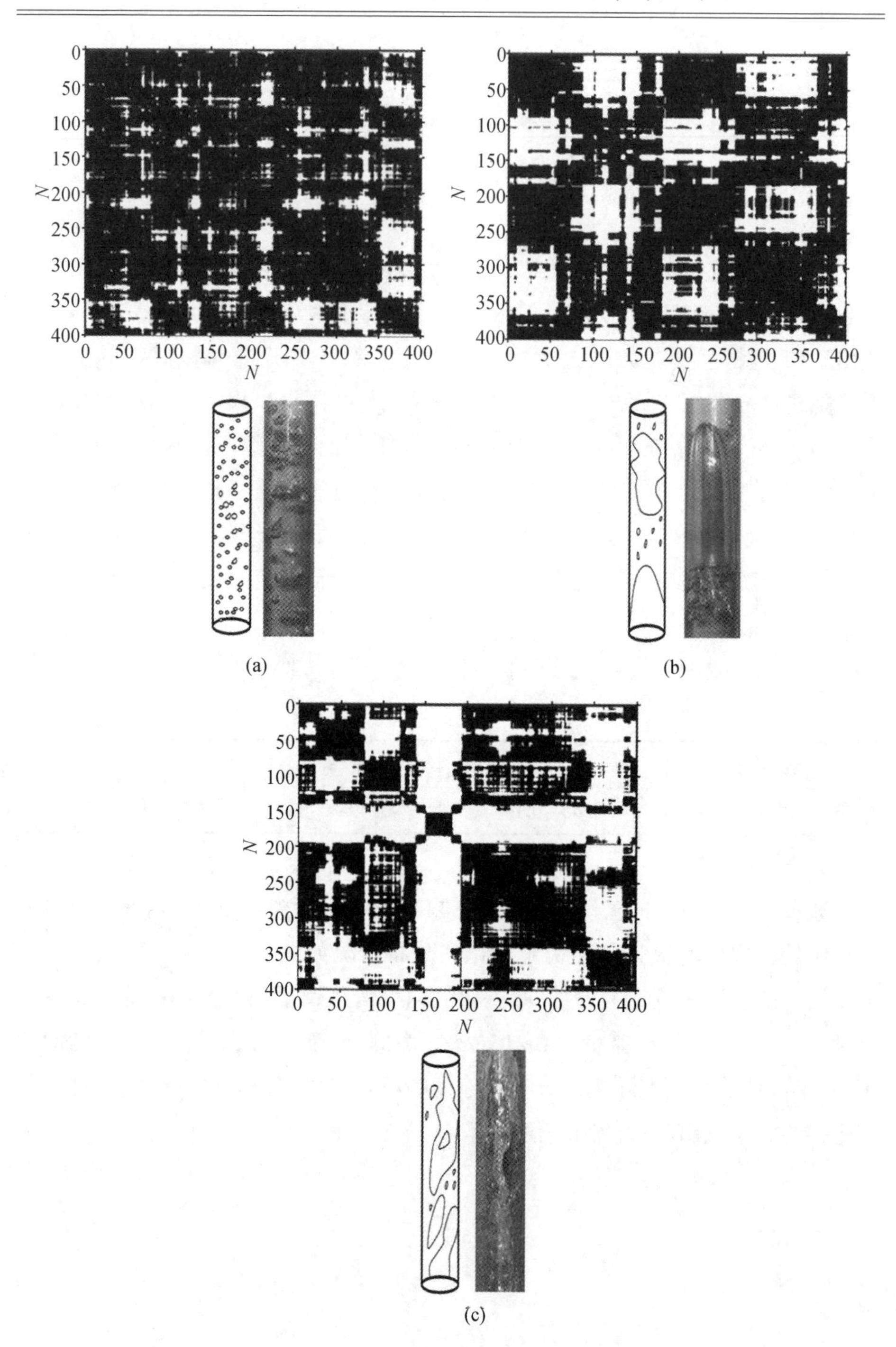

图 5.7　流态演化复杂网络的社团结构

随着气相表观速度 U_{sg} 的逐步增加，泡状流开始向塞状流发展，此时小气泡趋向聚并为大气泡,气泡运动的随机性相对下降,其相应的网络信息熵开始减小。随着气相表观速度 U_{sg} 的继续增加,流型完全进入塞状流时,由于接近管道内径尺寸的气泡与液塞交替出现,使得气相与液相的相对运动比较简单,其相应的网络信息熵减小到最小。随着气相表观速度 U_{sg} 的进一步增加,塞状流开始向混状流发展,大气泡的破碎与小气泡的聚并破碎同时发生,使得气相与液相的相对运动变得复杂,气泡运动的随机性又开始增强,其相应的网络信息熵又开始增加。随着气相表观速度 U_{sg} 的再次增加,流型完全进入混状流,受流动过程中湍动的影响,使得混状流的流动结构更加复杂,其相应的网络信息熵也更大。流型从泡状流向混状流的演化过程中,流态演化复杂网络的信息熵呈现出先下降后上升的趋势。

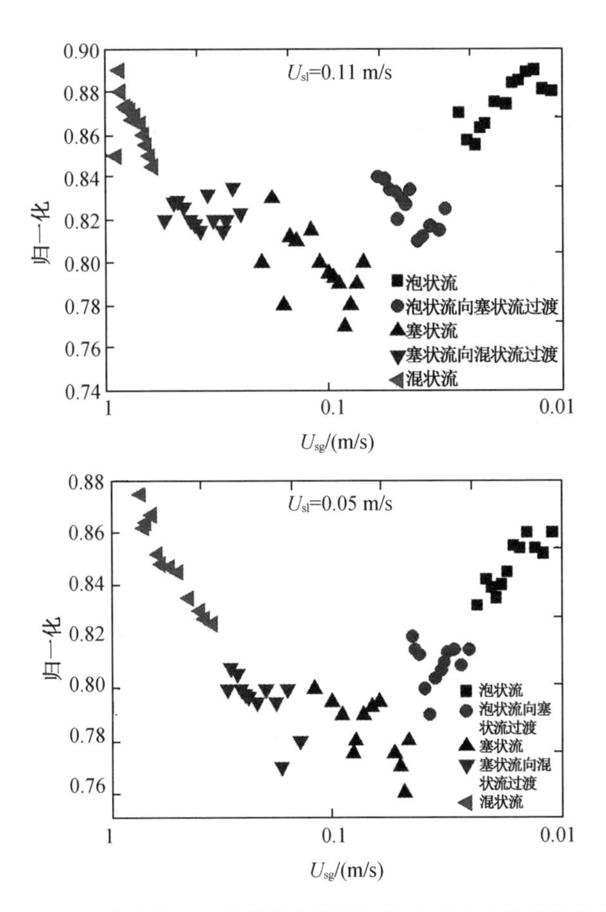

图 5.8 流态演化复杂网络信息熵随气相表观速度的演化分布

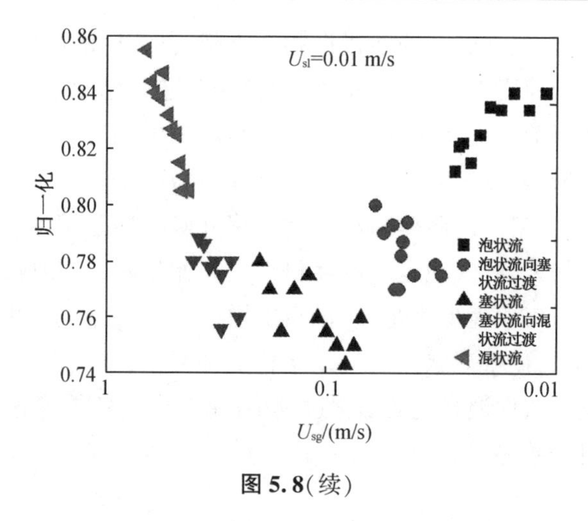

图 5.8(续)

5.4 本章小结

为了研究垂直上升管内气液两相流的非线性动力学特性,本章提出了一种基于压差波动时间序列片段相似性的气液两相流流态演化复杂网络构建方法。以垂直上升管内空气-水两相流为研究对象,在通过测试系统获取流态演化过程压差波动时间序列基础上,构建并分析了对应于泡状流向混状流转换过程的178组流态演化复杂网络,发现不同流型对应的流态演化复杂网络表现出明显的无标度性和小世界性。泡状流、塞状流和混状流对应的流态演化复杂网络呈现出不同的社团结构,网络度分布存在明显差异,并且流态演化复杂网络的信息熵与流型转换趋势相吻合。

6 气液两相流流型相空间复杂网络分析

为了揭示垂直上升管内气液两相流动过程中气泡的聚并机制及其在相空间中的动力学特性,本章在相空间重构的基础上,提出了一种基于关联维的相空间复杂网络构建算法。在对混沌系统、周期时间序列和高斯白噪声对应的相空间复杂网络动力学特性进行分析后,发现相空间复杂网络的网络结构、聚集系数-介数联合分布以及网络同配性系数能够较好地反映原系统在相空间中的动力学特性。在此基础上,基于垂直上升管内空气-水两相流的压差波动时间序列,构建并分析了对应于泡状流、塞状流和混状流的流型相空间复杂网络。

6.1 相空间复杂网络

6.1.1 相空间复杂网络的构建方法

相空间是由所研究的物理量本身,如位移、速度、压力和温度等作为坐标分量所构成的广义空间。动力系统中任一分量的演化都与相互作用的其他分量密不可分,任一分量的发展过程中蕴含着其他分量的重要信息[285]。通过单个分量即可重构一个等价的状态空间,即相空间重构。相空间重构是一种利用有限数据重构混沌吸引子进而研究系统动力学的方法,其能够有效地保留系统的动力学信息。相空间重构的基本思想为[286]:通过在某些固定的延迟时间点上将单个分量的测量作为新维处理,即在某多维状态空间中的确定一个点;重复这一步骤并测量相对于不同时间的各延迟量,继而产生出许多个这样的点,由这些点连接而构成的相空间轨道,即动力系统的演化轨道。由于非线性动力学系统中各变量之间的相互关联,其流动参数时间序列中包含着参与动态过程全部变量的轨迹,使得相空间轨道可以将吸引子的许多性质保存下来。因此,本章在相空间重构的基础上提出了一种基于关联维的相空间复杂网络构建算法。

对于某一时间序列 $s(it)$, $i=1,2,\cdots,M$(其中 M 为总点数,t 为时间间隔)进

行相空间重构时，当嵌入维数 m 和延迟时间 τ 确定后，重构相空间中的相点可表示为

$$
\begin{aligned}
S_1 &= [s(t), s(t+\tau), \cdots, s(t+(m-1)\tau)] \\
S_2 &= [s(2t), s(2t+\tau), \cdots, s(2t+(m-1)\tau)] \\
&\vdots \\
S_M &= [s(Mt), s(Mt+\tau), \cdots, s(Mt+(m-1)\tau)]
\end{aligned}
\tag{6.1}
$$

嵌入维数 m 和延迟时间 τ 的选择对保持原时间序列所蕴含的动力学信息至关重要，对于嵌入维数 m 和延迟时间 τ 的选取都应当是一个合理的值，若选取的嵌入维数 m 太小，则相空间内的点将无法充分展开；若选取的嵌入维数 m 太大，则将导致相空间动力学被噪声淹没。而延迟时间 τ 的选取过小，相空间吸引子将被压缩在一条线上从而不能体现出重构的吸引子空间分布特性；延迟时间 τ 的选取过大，相空间吸引子动力学又将被分割变得不连续，从而导致相关的动力学信息的丢失。Kennel 等[287]提出的嵌入维数 FNN 算法和 Kim 等[288]提出的延迟时间 C-C 算法及其改进算法，是目前嵌入维数 m 和延迟时间 τ 选取的常用方法。

C-C 算法与其他延迟时间 τ 的计算方法[289-290]相比，具有对噪声敏感性小、抗噪能力强等优点，其基本思想为：当 t 为时间延迟，单变量时间序列 $s=\{s_1, s_2, \cdots, s_M\}$ 被分为 t 个互不重叠的时间序列时，计算这 t 个互不重叠时间序列的 $T(m,N,r,t)$ 的表达式为

$$
T(m,N,r,t) = \frac{1}{t}\sum_{s=1}^{t}\left[C_s(m,M/t,r,t) - C_s^m(1,M/t,r,t)\right] \tag{6.2}
$$

$$
\Delta T(m,t) = \max(T(m,N,r_j,t)) - \min(T(m,N,r_j,t)) \tag{6.3}
$$

其中，

$$
C(m,M,r,\tau) = \frac{2}{N(N-1)}\sum_{1\leqslant i\leqslant j\leqslant N}\theta(r - |x_i - x_j|) \tag{6.4}
$$

$N=M-(m-1)\tau, r>0, \theta(a)$ 为 Heaviside 函数：

$$
\theta(a) = \begin{cases} 0, a<0 \\ 1, a\geqslant 0 \end{cases} \tag{6.5}
$$

通常 m、r 取值为 $2\leqslant m\leqslant 5, \frac{\sigma}{2}\leqslant r\leqslant 2\sigma$，其中 σ 为数据序列的标准偏差。

$$
\bar{T}(t) = \frac{1}{16}\sum_{m=2}^{5}\sum_{j=1}^{4}T(m,r_j,t) \tag{6.6}
$$

$$
\Delta\bar{T}(t) = \frac{1}{4}\sum_{m=2}^{5}\Delta T(m,t) \tag{6.7}
$$

$\Delta\bar{T}(t)$第一次达到极小值所对应的时间即为最优延迟时间 τ。因此，采用 C-C 算法计算延迟时间 τ，采用 FNN 算法计算嵌入维数 m。如图 6.1 所示，在延迟时间 $\tau=7$ 时，通过 FNN 算法获得的泡状流（$U_{sl}=0.18$ m/s，$U_{sg}=0.12$ m/s）的嵌入维数 $m=3$。混沌时间序列（Lorenz 和 Rossler 系统的 x 分量）、周期和高斯白噪声时间序列及其重构相空间吸引子如图 6.2 所示，其中 Lorenz 系统和 Rossler 系统的表达式分别为

$$\begin{cases}\dfrac{\mathrm{d}x}{\mathrm{d}t}=\mathrm{sigma}(y-x)\\[2mm]\dfrac{\mathrm{d}y}{\mathrm{d}t}=x(r-z)-y\\[2mm]\dfrac{\mathrm{d}z}{\mathrm{d}t}=xy-bz\end{cases}\tag{6.8}$$

式中，sigma＝16；$r=45.92$；$b=4$。

$$\begin{cases}\dfrac{\mathrm{d}x}{\mathrm{d}t}=-y-z\\[2mm]\dfrac{\mathrm{d}y}{\mathrm{d}t}=x+ay\\[2mm]\dfrac{\mathrm{d}z}{\mathrm{d}t}=b+z(x-c)\end{cases}\tag{6.9}$$

式中，$a=0.2$；$b=0.2$；$c=5.7$。

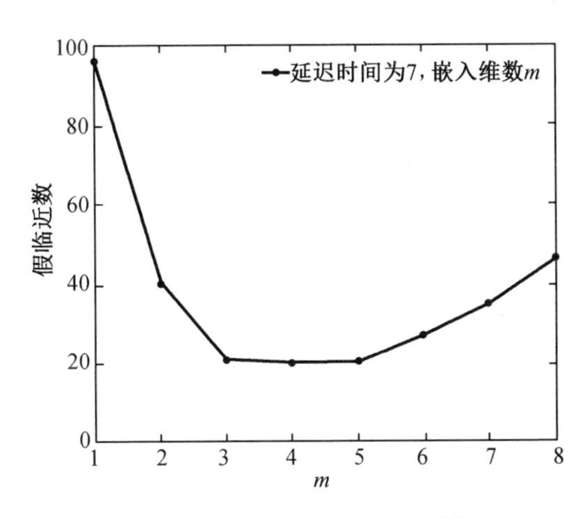

图 6.1　FNN 算法嵌入维数选择

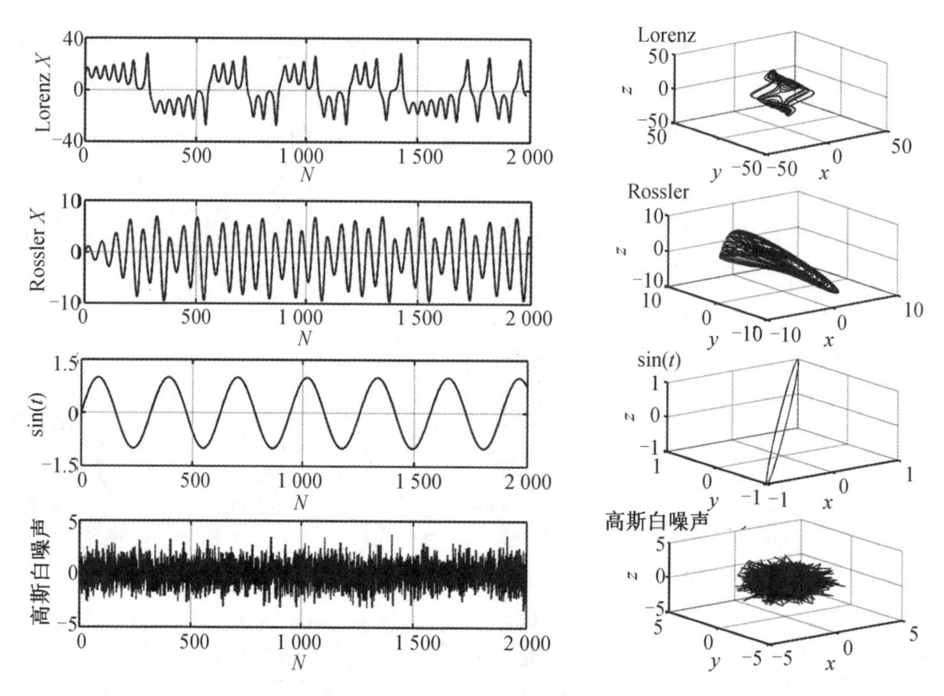

图 6.2　不同动力系统时间序列(Lorenz 和 Rossler、周期及高斯白噪声)

在相空间中由于不稳定周期轨之间的相互作用,使得相空间中的轨道在其附近相互聚集。因此,我们以相空间中的向量点作为网络中的基本节点,以相空间中向量点之间距离的远近程度作为网络的边连,构建相空间复杂网络。相空间中向量点 S_i 和 S_j 之间的距离定义为

$$D_{ij} = \sum_{n=1}^{m} \| s_i(n) - s_j(n) \| \tag{6.10}$$

式中　$s_i(n)$——S_i 的第 n 个元素;

$s_j(n)$——S_j 的第 n 个元素。

通过选取恰当的距离关键阈值 r,距离矩阵 $\boldsymbol{D}_{\mathrm{L}}=(D_{ij})$ 则可以转化为连接矩阵 $\boldsymbol{A}=(A_{ij})$,连接矩阵 $\boldsymbol{A}$ 表示的是相空间复杂网络中节点间的连接关系。当相空间中向量点 S_i 和 S_j 之间的距离小于关键阈值 r 时,则认为节点 i 和 j 之间存在边连,此时 $D_{ij}<r, A_{ij}=1$;当相空间中向量点 S_i 和 S_j 之间的距离大于等于关键阈值 r 时,则认为节点 i 和 j 之间不存在边连,此时 $D_{ij} \geqslant r, A_{ij}=0$。

6.1.2　距离阈值的选取

距离阈值 r 的选取对所构建的相空间复杂网络能否有效地保留原系统的动力学信息非常重要,目前对以距离远近程度为边连建立的网络中,距离阈值 r 的

选取还没有确定的准则。因此,采用基于关联维的相空间复杂网络距离阈值选取,其具体方法为:

任意选取一个节点 $S_i(i=1,2,\cdots,M)$,计算其余 $M-1$ 个节点到 S_i 的距离,即

$$r_{ij}=\left[\sum_{l=0}^{m-1}(s_{i+l\tau}-s_{j+l\tau})^2\right]^{\frac{1}{2}} \tag{6.11}$$

其中,m 为嵌入维数,对网络中所有的节点重复这一过程,获得的关联积分函数 $C(r)$ 可表示为

$$C(r)=\frac{1}{N_m{}^2}\sum_{i,j=1}^{N_m}\theta(r-r_{ij}) \tag{6.12}$$

式中　r——距离阈值;

θ——Heaviside 函数。

根据混沌分形理论中关联维数的定义可知,关联积分 $C(r)$ 与距离阈值 r 之间存在指数关系,即

$$C(r)\propto r^v \tag{6.13}$$

对于给定嵌入维数 m 的相空间,在满足关联积分与关键阈值之间的指数关系的 $\ln C(r)-\ln r$ 关系图上,可以找到一直线段的无标度区,即具有自相似的标度不变性的分形特征,此线段的斜率即为关联维 D_n,其反映的是系统的动力学自由度。通过关联维 D_n 可以获得一个保留原系统相空间动力学信息的距离阈值 r 取值区间。混沌时间序列、周期时间序列和高斯白噪声的相空间复杂网络阈值选取,如图 6.3 至图 6.6 所示。

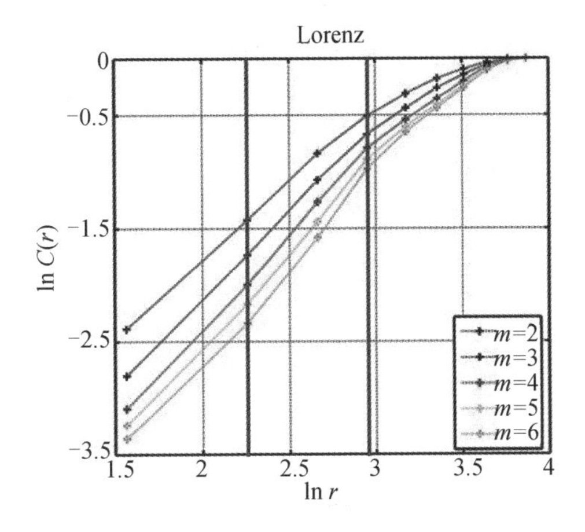

图 6.3　Lorenz 相空间复杂网络阈值选取

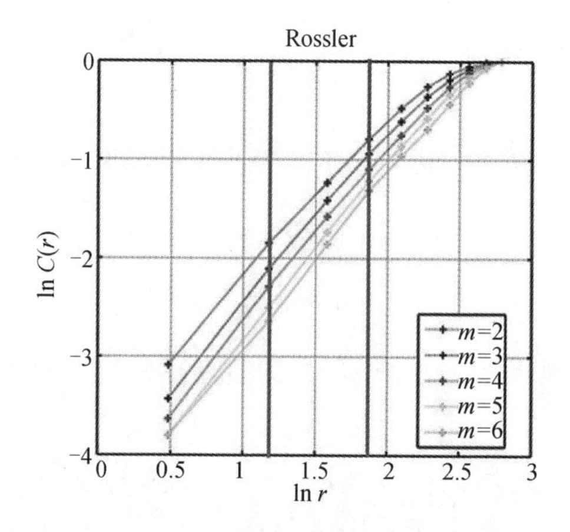

图 6.4 Rossler 相空间复杂网络阈值选取

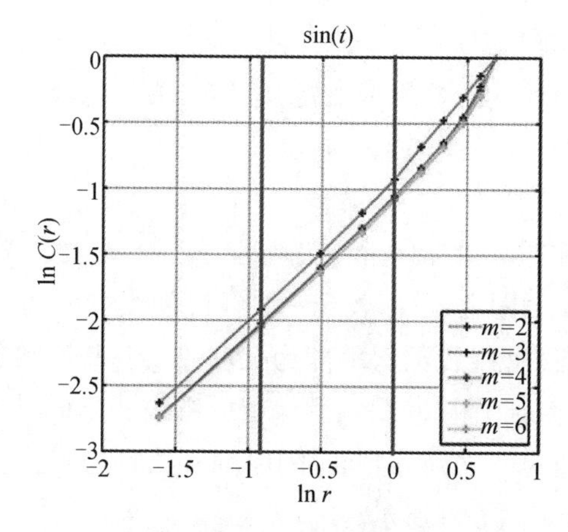

图 6.5 周期时间序列相空间复杂网络阈值选取

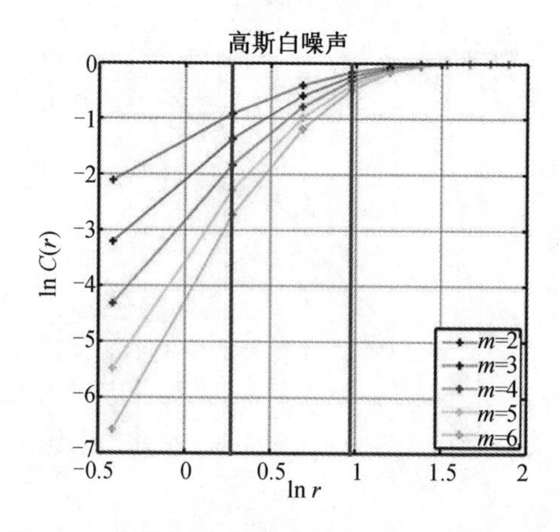

图 6.6 高斯白噪声时间序列复杂网络阈值选取

以 Lorenz 混沌时间序列为例对距离阈值的选取进行阐述。在给定延迟时间 $\tau=13$ 的条件下，Lorenz 混沌时间序列关联积分函数 $C(r)$ 与距离阈值 r 的指数关系，如图 6.3 所示。从图 6.3 中可以看出对于不同的嵌入维数 m，存在一个距离阈值 r 的取值区间使得关联积分函数 $C(r)$ 和距离阈值 r 之间存在一个线性无标度区，选取区间内的阈值可以将原系统的动力学信息映射到复杂网络中，使得网络蕴含原系统的动力学信息。基于此在给定延迟时间 $\tau=7$，嵌入维数 $m=3$ 的条件下，通过计算获得的网络规模在 100，200，400，600 和 800 节点时泡状流（$U_{sg}=0.05$ m/s，$U_{sl}=0.11$ m/s）、塞状流（$U_{sg}=1.73$ m/s，$U_{sl}=0.11$ m/s）和混状流（$U_{sg}=3.2$ m/s，$U_{sl}=0.11$ m/s）对应的 $\ln C(r)-\ln r$ 关系图，如图 6.7 至图 6.9 所示。

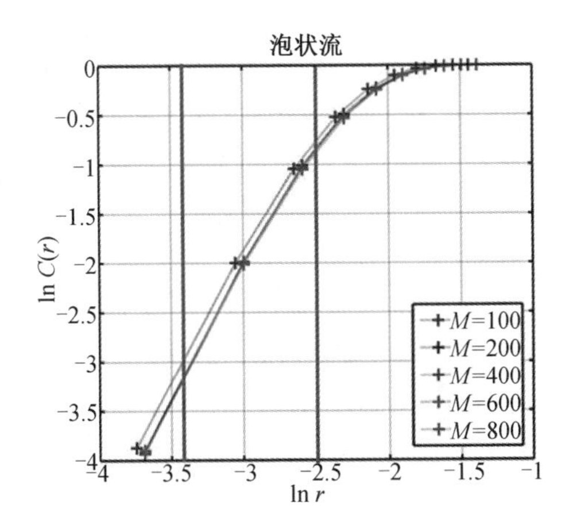

图 6.7 泡状流流型相空间复杂网络阈值选取

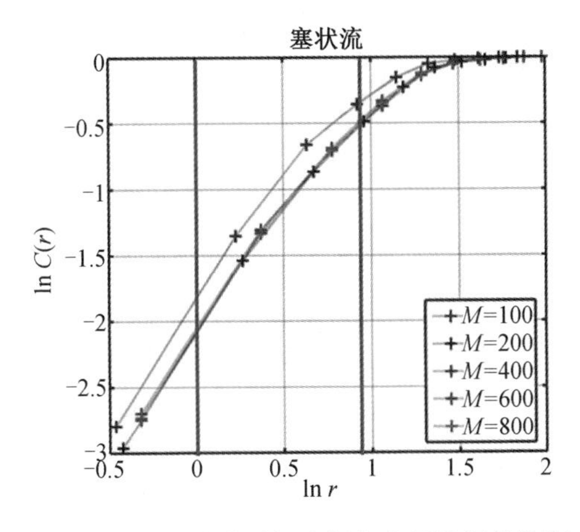

图 6.8 塞状流流型相空间复杂网络阈值选取

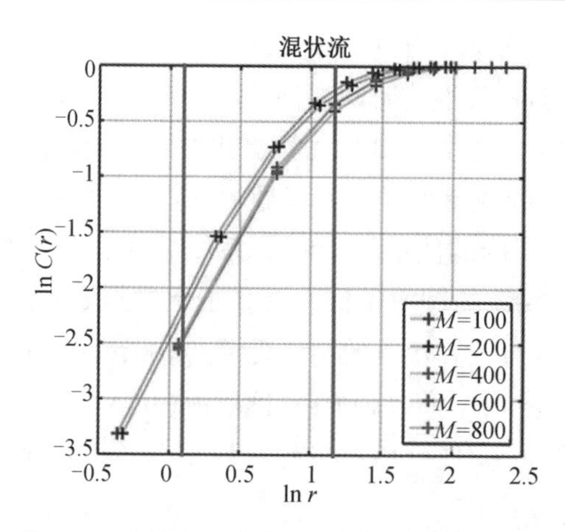

图 6.9 混状流流型相空间复杂网络阈值选取

以塞状流(U_{sg} = 1.73 m/s, U_{sl} = 0.11 m/s)为例,如图 6.8 所示。从图 6.8 中可以发现随着网络节点数 M 的增加,不同网络规模的关联积分 $C(r)$ 与距离阈值 r 之间的指数关系趋于一致。在选取相同关联维 D_n 的条件下,不同网络规模下的距离阈值 r 比较接近,如构建的塞状流相空间复杂网络包含 200 节点,关联维 D_n = 1.57 时网络的距离阈值 r = 2.13;当构建的塞状流相空间复杂网络包含 800 节点,相同关联维时网络的距离阈值 r = 2.17。与高忠科[8]提出的基于网络密度选取距离阈值的方法相比,当构建的 Lorenz 时间序列相空间复杂网络包含 200 节点时网络的距离阈值 r = 10,构建的 Lorenz 时间序列相空间复杂网络包含 600 节点时网络的距离阈值 r = 9.98,线性无标度区间的存在削弱了网络规模对距离阈值 r 选取的影响。

6.2 不同动力系统的相空间复杂网络分析

通过分析计算混沌时间序列(Lorenz 和 Rossler)、周期时间序列和高斯白噪声对应的相空间复杂网络统计特性发现,对于不同类型的动力系统其对应的网络呈现出不同的网络结构。如图 6.10 所示,周期时间序列的相空间复杂网络则呈现出大的聚集系数和平均路径;高斯白噪声的相空间复杂网络呈现出小的聚集系数和平均路径;混沌时间序列的相空间复杂网络呈现出大的聚集系数和小的平均路径现象,具有明显的小世界性。

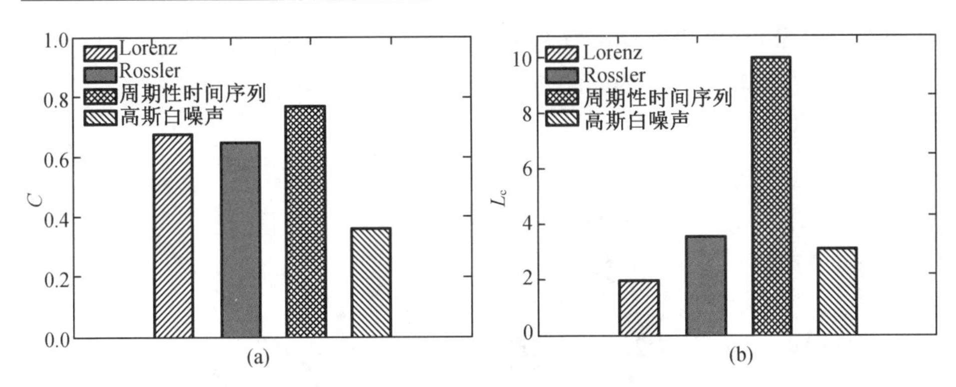

图 6.10 相空间复杂网络的小世界特性

混沌动力系统的相空间复杂网络结构图,如图 6.11 所示。在相空间中不同区域的 N 条循环轨道构成一个 N 阶不稳定周期轨,每个 N 阶不稳定周期轨中的循环轨道在其周围都存在多条其他轨道,由于混沌吸引子轨道受到不同不稳定周期轨的吸引作用,吸引子轨道沿着它的稳定流形不断接近一个不稳定周期轨[291-294]。这样的接近过程持续多个循环,在此过程中吸引子轨道始终沿着其稳定流形跳离之前吸引它的不稳定周期轨附近持续运动,直到其被另一个不稳定周期轨吸引。由于不同不稳定周期轨的吸引能力的不同,混沌吸引子轨道将在不稳定周期轨间运动跳变,其相应的相空间复杂网络就会出现大小、密度与轨道的吸引作用紧密相关的不同规模的聚集区。对于混沌时间序列生成的相空间复杂网络来说,各聚集区内的节点相互连接且节点度的均值与聚集区的平均度值比较接近,而不同的聚集区其平均度值也各不相同,如图 6.11(a)和(b)所示。周期时间序列对应的相空间复杂网络则呈现出近似为规则网络的特性,如图 6.12(a)所示。高斯白噪声对应的相空间复杂网络则呈现出随机网络的特性,如图 6.12(b)所示。

通过分析 Rossler 混沌时间序列相空间复杂网络($m=3,\tau=13,r=4.4$)和白噪声相空间复杂网络($m=4,\tau=5,r=2.7$)的聚集系数与介数联合分布发现,Rossler 混沌时间序列相空间复杂网络的聚集系数与介数联合分布近似为幂律分布,并且存在大量聚集系数小而介数高的节点,如图 6.13(a)所示。相反,在白噪声相空间复杂网络中,其聚集系数与介数分布联合分布则近似为指数分布,网络中只存在聚集系数大、介数高的节点,如图 6.13(b)所示。与白噪声相空间复杂网络相比,Rossler 混沌时间序列相空间复杂网络中的高介数节点明显偏多,反映出与不稳定周期轨相关的动力学特性。聚集系数与介数联合分布的不同表明相空间中向量点以不同的动力学机制进行自组织自演化过程。通过计算发现 Rossler 混沌时间序列相空间复杂网络(200 节点)的同配性系数为 0.56,网络为同配性网络,即度值相近的节点相互连接。而白噪声相空间复杂网络(200 节点)的同配性系数为 0.083,由于不存在不稳定周期轨,白噪声相空间复杂网络表现出较弱的同配性。

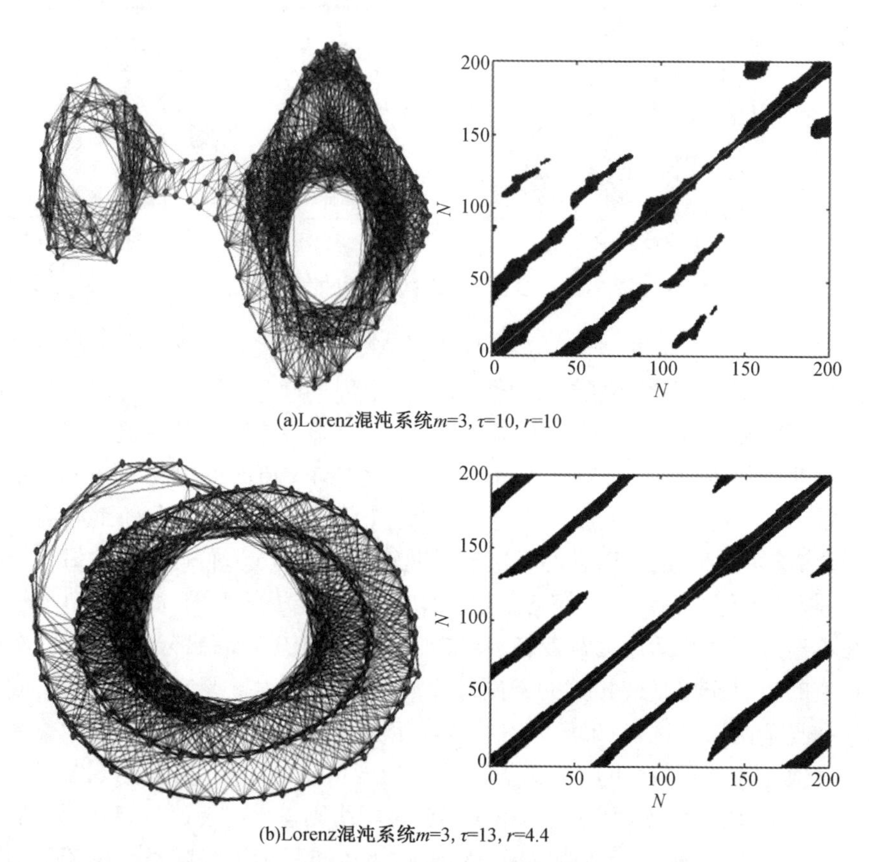

(a)Lorenz混沌系统m=3, τ=10, r=10

(b)Lorenz混沌系统m=3, τ=13, r=4.4

图 6.11　混沌动力系统的相空间复杂网络结构(200 节点)

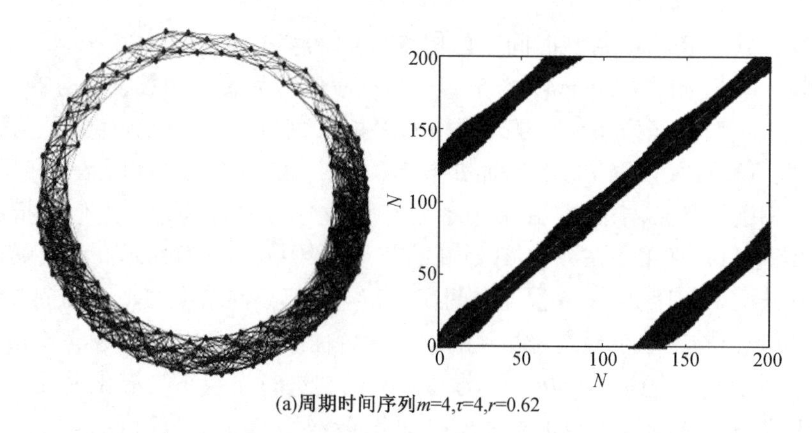

(a)周期时间序列m=4,τ=4,r=0.62

图 6.12　不同动力系统的相空间复杂网络结构(200 节点)

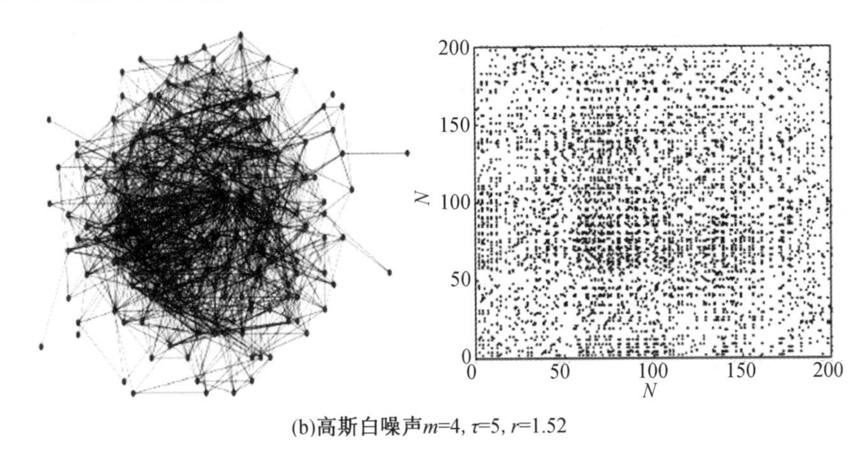

(b)高斯白噪声m=4, τ=5, r=1.52

图 6.12(续)

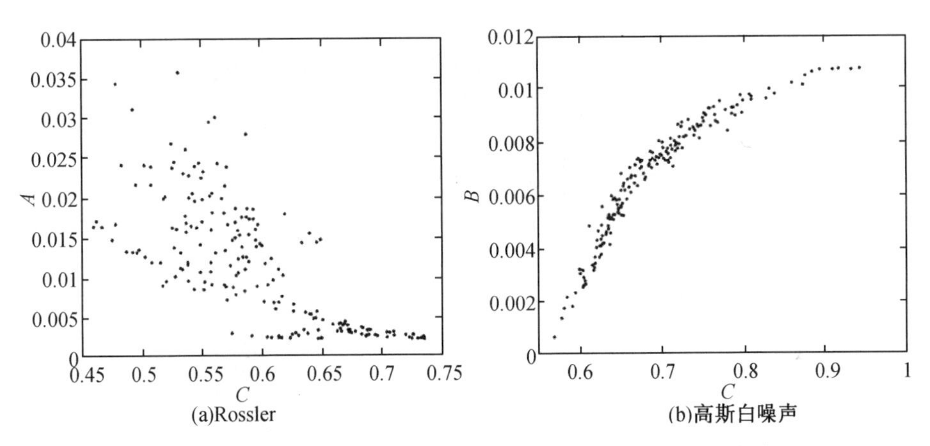

(a)Rossler (b)高斯白噪声

图 6.13 相空间复杂网络聚集系数-介数联合分布图(200 节点)

6.3 流型相空间复杂网络分析

气泡的聚并作为气液两相流流动微观结构演化的一种宏观表现的重要机制,具有非常重要的流体动力学意义。在通过测试系统获取垂直上升管内空气-水两相流压差波动时间序列的基础上,采用基于关联维的相空间复杂网络构建算法,构建的泡状流(U_{sg}=0.2 m/s,U_{sl}=0.11 m/s,r=0.06,m=3)、塞状流(U_{sg}=1.58 m/s,U_{sl}=0.11 m/s,r=2.13,m=3)和混状流(U_{sg}=2.7 m/s,U_{sl}=0.11 m/s,r=3.21,m=3)的流型相空间复杂网络结构如图 6.14 所示。

通过流型相空间复杂网络对垂直上升管内气液两相流的流动结构进行分

析发现,在泡状流中由于气泡浓度比较低,气相以不同尺寸且近似为球形的小气泡形式随机离散的分布在向上流动的连续液相中,此时气泡的聚并现象不明显。泡状流对应的流型相空间复杂网络结构如图 6. 14(a)所示,多数节点的紧密连接表明虽然小气泡表观上比较均匀,但其运动却非常的复杂和无序;而在塞状流中,气泡浓度与泡状流时相比得到了提高,塞状流对应的流型相空间复杂网络结构如图 6. 14(b)所示,形成的两个大的聚集环表明流体流动过程中,存在着流动结构相差很大且间隔分布的流动介质。在混状流中,随着气泡浓度的进一步提高,塞状流中的大气泡开始碰撞、变形和击碎,并与液相混合在一起。此时两相介质的分布不再相对均匀,气泡的聚并现象比较明显,对应的流型相空间复杂网络结构如图 6. 14(c)所示,在不稳定周期轨的吸引作用下形成了多个聚集区。

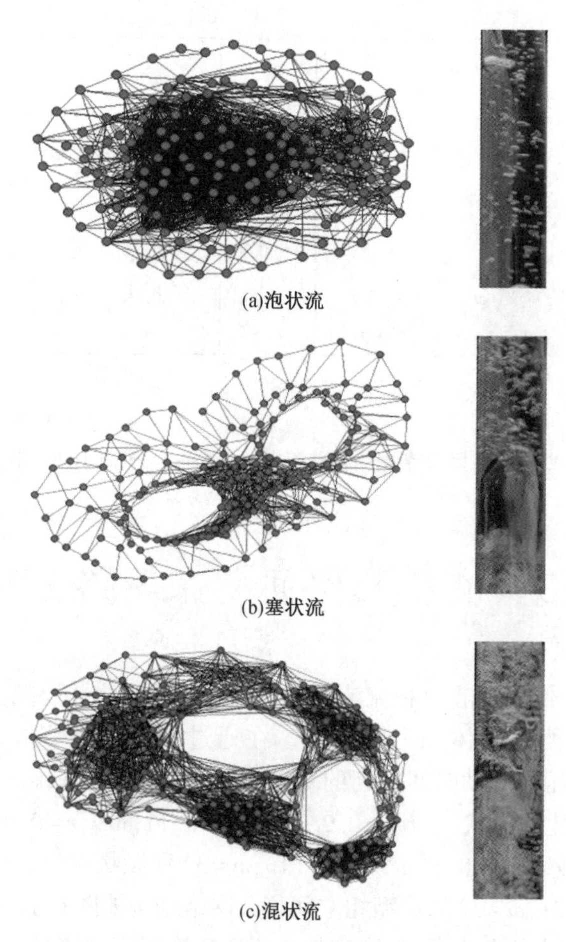

图 6. 14　流型相空间复杂网络结构(200 节点)

泡状流、塞状流和混状流的流型相空间复杂网络聚集系数与介数的联合分布情况，如图 6.15 所示。垂直上升管内泡状流、塞状流和混状流对应的网络中存在比较多的聚集系数小且介数高的节点，并且聚集系数与介数的联合分布均近似为幂律分布。通过计算 60 组不同工况条件下，泡状流、塞状流和混状流的流型相空间复杂网络同配性系数发现，泡状流、塞状流和混状流的平均同配性系数分别为 0.07，0.68 和 0.57。泡状流的流型相空间复杂网络近似于非同配网络，而塞状流和混状流的流型相空间复杂网络为同配网络。

通过计算对应于不同工况条件下的 60 组流型相空间复杂网络的网络密度，获得的网络密度随气相表观速度的演化分布，如图 6.16 所示。从图 6.16 中可以发现，随着气相表观速度 U_{sg} 的增加，泡状流中的气相以少量离散小气泡的形式随机分布在连续的液相中，液相在此时抑制了气液两相界面之间的波动，使得压差变化不明显，这点与通过测试系统获取的泡状流压差波动测量值吻合，气泡之间碰撞的概率较低，此时对应的流型相空间复杂网络的网络密度较大；当气相表观速度 U_{sg} 继续增加，流型开始从泡状流向塞状流转变，由于小气泡的产生和破碎以及大气泡的产生，使得液相抑制气液两相界面之间波动的能力开始下降，压差变化开始明显，气泡之间碰撞的概率增加，此时相应的流型相空间复杂网络的网络密度开始下降。当气相表观速度 U_{sg} 再次增加，流型转变为塞状流，由于气塞和液塞两相交替出现，两相界面之间的波动性表观上相对减弱，气泡的碰撞概率降低，此时相应的流型相空间复杂网络的网络密度降至最低；随着气相表观速度 U_{sg} 的进一步增加，流型由塞状流向混状流转变，大气泡的破碎和小气泡的聚并同时发生，并与液相混合成一种不稳定的湍动物，使得两相界面之间的波动性大大增强，气泡之间碰撞的概率快速增加，此时相应的流型相空间复杂网络的网络密度开始快速上升。从管内流动过程来看，液相流量增加后，气泡的运动速度增加，气泡流经测量区域的时间变短，表现在压差波动过程上使得其波动频率增加，同时气相与液相相对速度、气泡的形状与大小、相界面波动的种类和特性也在发生变化，使得相应的流型相空间复杂网络的网络密度产生偏移。通过流型相空间复杂网络对泡状流、塞状流和混状流的流动结构动力学的研究表明，流型相空间复杂网络的网络密度可以较好地反映相空间中不稳定周期轨道的吸引作用，为揭示垂直上升管内气液两相流中气泡的聚并机制提供了新视角。

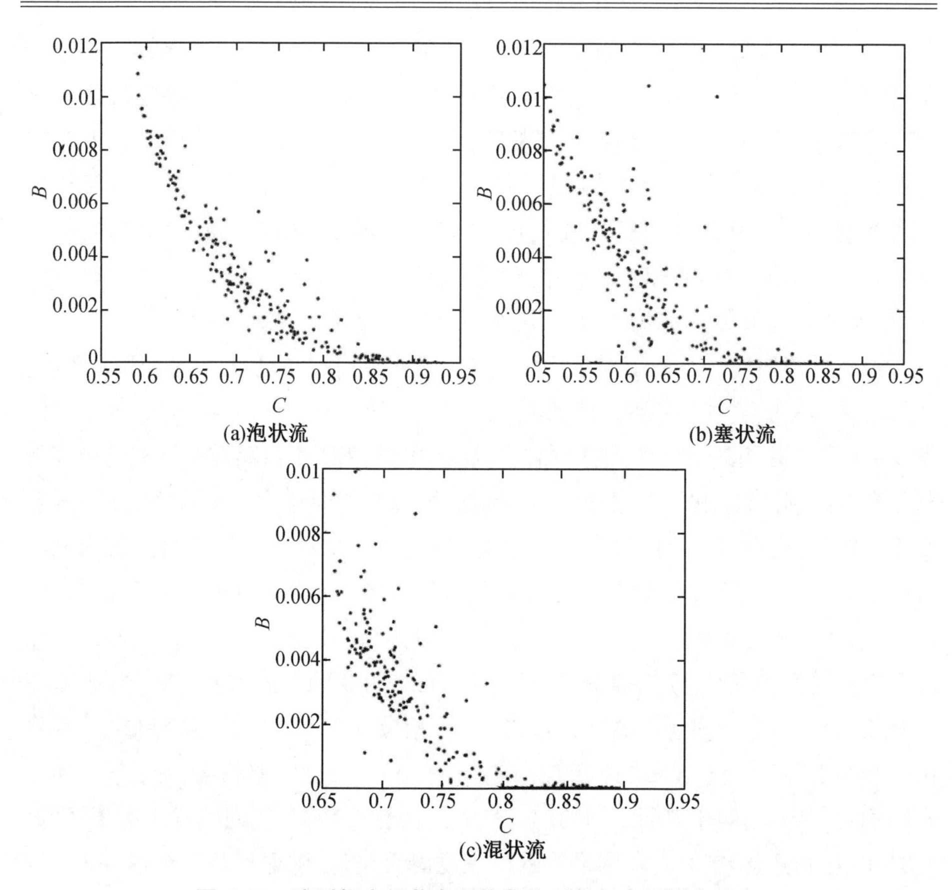

图 6.15　流型相空间复杂网络聚集系数与介数联合分布

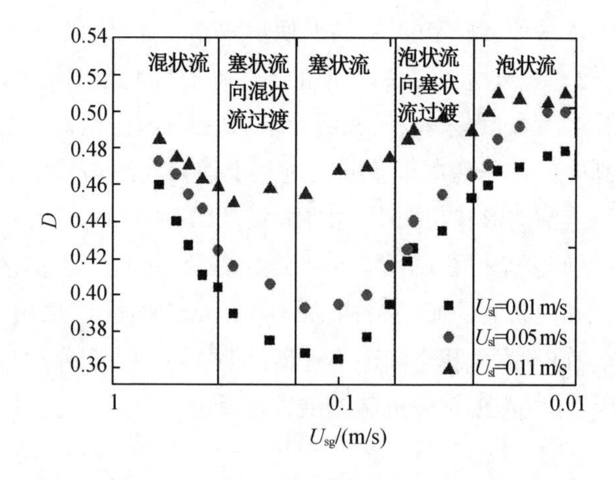

图 6.16　流型相空间复杂网络密度随气相表观速度的演化分布

6.4 本章小结

本章在相空间重构的基础上,提出了一种基于关联维的相空间复杂网络构建算法。通过该算法对不同动力系统(混沌、周期和高斯白噪声时间序列)对应的相空间复杂网络进行了分析,发现其网络结构、聚集系数-介数联合分布和同配性系数能够较好地反映原始动力系统的相空间动力学特性。在此基础上,基于垂直上升管内空气-水两相流压差波动时间序列,构建并分析了对应于泡状流、塞状流和混状流的流型相空间复杂网络。通过流型相空间复杂网络对垂直上升管内气液两相流的流动结构分析发现,流型相空间复杂网络的网络结构及网络密度可以较好地体现相空间中不稳定周期轨道的吸引特性,并且网络密度对气液两相流流型演化过程中气泡的聚并现象比较敏感。

7 结论与展望

气液两相流作为一个复杂的非线性动力系统，迄今对其流动的演化、非线性动力学机理的认识还不够清楚。为了认清气液两相流动的内在机理，需要从新的理论和方法以及与信息处理技术结合的角度为其研究提供新的理论工具。复杂网络作为一种研究复杂系统的方法和工具，不仅可以对蕴含在气液两相流流动参数波动时间序列中的重要信息特征进行探寻，还可以对无法通过理论模型准确描述的复杂非线性动力学系统进行研究。

7.1 结　　论

本书在设计并建立气液两相流波动信息测试系统的基础上，利用压差传感器对垂直上升管内空气-水两相流的压差波动时间序列进行了采集；通过经验模态分解对压差波动时间序列进行了预处理及流型特征参数提取；基于垂直上升管内空气-水两相流压差波动时间序列的相似性构建并分析了不同类型的复杂网络，进而对垂直上升管内气液两相流的流型及其演化过程的非线性动力学特性进行了研究。以上研究工作得到的主要结论如下：

(1)基于气液两相流流动参数的波动性和不稳定性，推导出垂直上升管内气液两相流压差波动瞬时值与空泡份额之间的关系式。

(2)基于气液两相流压差波动时间序列的相似性构建了垂直上升管道内空气-水两相流的流态复杂网络。在此基础上对垂直上升管内空气-水两相流的流态复杂网络社团结构进行了分析，通过与测试获取的流态图像信息进行对比获得了不同流型对应的社团结构，实现了对包括过渡流型在内的五种垂直上升管内气液两相流流型的识别。

(3)引入经验模态分解对垂直上升管内气液两相流压差波动时间序列降噪及流动特征向量提取，发现不同流型的压差波动时间序列的局部能量与流型演化过程密切关系，可以作为一种定性的垂直上升管内气液两相流气流型识别的判据。

(4)通过构建并分析对应于不同流型的流态演化复杂网络,发现垂直上升管内气液两相流的流态演化复杂网络呈现出明显的无标度性和小世界性,不同流型的网络度分布指数存在着差异,并且不同流型的流态演化复杂网络呈现出不同的社团结构。同时还发现流态演化复杂网络的网络信息熵与流型演化趋势相吻合。

(5) 通过对不同动力系统的相空间复杂网络进行动力学分析后,发现其网络结构、聚集系数-介数联合分布和网络同配性系数可以较好地反映原始时间序列在相空间中的动力学特性。在此基础上,构建并分析了对应于不同流型的气液两相流流型相空间复杂网络,发现网络结构及网络密度可以较好地体现相空间中不稳定周期轨道的吸引特性,并且网络密度对气液两相流流型演化过程中气泡的聚并现象比较敏感。

7.2 创 新 点

本课题研究工作的创新性如下:

(1)根据复杂网络理论,提出了一种基于压差波动时间序列相似性的垂直上升管内气液两相流流态复杂网络构建方法。在此基础上,为研究流态复杂网络的拓扑结构,提出了一种基于 AP 聚类的复杂网络社团结构划分方法。并通过该方法找出了不同流型对应的网络社团结构,从而实现了对垂直上升管内泡状流、塞状流、混状流以及它们之间过渡流型的识别。

(2)为了揭示垂直上升管内气液两相流流型演化过程的非线性动力学特性,基于气液两相流压差波动时间序列的波动性和相似性,提出了一种流态演化复杂网络构建方法。通过对垂直上升管内空气-水两相流不同流型对应的流态演化复杂网络进行分析,发现其对应流态演化复杂网络的统计性质与流型的演化过程密切相关。

(3)为了揭示垂直上升管内气液两相流中气泡的聚并机制,在相空间重构的基础上提出了一种基于关联维的相空间复杂网络构建方法。并通过该方法对垂直上升管内气液两相流的流动结构进行分析,为气液两相流流态演变过程中气泡聚并机制的研究提供了新视角。

7.3 展　　望

复杂网络理论作为一个新兴学科,其在多相流动力学特性的研究中取得了一定的发展,基于垂直上升管内气液两相流压差波动时间序列的相似性构建了不同类型的复杂网络。在此基础上,对垂直上升管内气液两相流流型识别及非线性动力性特性进行分析研究,虽然取得了一些研究成果但依然存在一些不足:

(1)对垂直上升管内气液两相流流型识别方法的改进可以从两个方面入手,首先是时间序列预处理与流动参数结合起来,以提取更多流型特征量。其次是提高网络社团结构划分的精确度,以提高流型识别的准确率,进而提出满足实际工程要求的在线气液两相流流型监测系统。

(2)目前,气液两相流的流型检测和非线性动力学特性分析主要集中在冷态的两相流动,还没有涉及实际工程中伴有传热现象的气液两相流动问题的研究。

(3)复杂网络理论在能源动力方面的应用还需要进一步深入的研究、改进、拓展和验证,特别是对湍流的测试分析。不稳定分析可以通过压力波动体现,而在湍流中流动状态的变化与不稳定性密切相关,这为通过复杂网络理论研究湍流的动力学特性带来了可能性。

因此,今后的工作将以解决上述问题为指向,通过复杂网络理论对流体流动状态的动力学特性进行更深层次的研究。

参 考 文 献

[1] 王经. 气液两相流动态特性的研究 [M]. 上海: 上海交通大学出版社, 2012.

[2] MALLAT S, HWANG W L. Singularity detection and processing with wavelets [J]. Ieee Transactions on Information Theory, 1992, 38(2): 617-643.

[3] FUKUSHIMA K. Self-organizing neural network models for visual pattern recognition [J]. Acta Neurochirurgica Supplementum, 1987(41): 51-67.

[4] FRANCA F, ACIKGOZ M, LAHEY R T, et al. The use of fractal techniques for flow regime identification [J]. International Journal of Multiphase Flow, 1991, 17(4): 545-552.

[5] HUANG Z Y, WANG B L, LI H Q. Application of electrical capacitance tomography to the void fraction measurement of two-phase flow [J]. Instrumentation & Measurement IEEE Transactions, 2003, 52(1): 7-12.

[6] 周云龙, 陈飞, 刘川. 基于图像处理和 Elman 神经网络的气液两相流流型识别 [J]. 中国电机工程学报, 2007, 27(29): 108-112.

[7] GAO Z K, JIN N D. Flow-pattern identification and nonlinear dynamics of gas-liquid two-phase flow in complex networks [J]. Physical Review E (Statistical, Nonlinear, and Soft Matter Physics), 2009, 79(6): 1019–1027.

[8] 高忠科. 两相流复杂网络非线性动力学特性研究 [D]. 天津: 天津大学, 2010.

[9] 高忠科, 金宁德. 两相流流型复杂网络社团结构及其统计特性 [J]. 物理学报, 2008, 57(11): 6909-6920.

[10] WATTS D J, STROGATZ S H. Collective dynamics of "small-world" networks [J]. Nature, 1998, 393(6684): 440-442.

[11] BARABASI A L, ALBERT R. Emergence of scaling in random networks [J]. Science, 1999, 286(5439): 509-512.

[12] HUBERMAN B A, ADAMIC L A. Internet-growth dynamics of the world-wide web [J]. Nature, 1999, 401(6749): 131.

[13] HOLME P. Congestion and centrality in traffic flow on complex networks [J]. Advances in Complex Systems, 2003, 6(2): 163-176.

[14] JEONG H, MASON S P, BARABASI A L, et al. Lethality and centrality in protein networks [J]. Nature, 2001, 411(6833): 41-42.

[15] JEONG H, TOMBOR B, ALBERT R, et al. The large-scale organization of metabolic networks [J]. Nature, 2000, 407(6804): 651-654.

[16] GAO Z K, JIN N D. Complex network community structure of two-phase flow pattern and its statistical characteristics [J]. Acta Physica Sinica, 2008, 57(11): 6909-6920.

[17] GAO Z K, JIN N D. Identification of flow pattern in two-phase flow based on complex network theory [C]. Proceedings of the Fifth International Conference on Fuzzy Systems and Knowledge Discovery, Jinan, Shandong, China, 2008: 472-476.

[18] GAO Z K, JIN N D. Complex network analysis in inclined oil-water two-phase flow [J]. Chinese Physics B, 2009, 18(12): 5249-5258.

[19] GAO Z K, JIN N D. Complex network from time series based on phase space reconstruction [J]. Chaos, 2009, 19(3): 375-393.

[20] GAO Z K, JIN N D, WANG W X, et al. Motif distributions in phase-space networks for characterizing experimental two-phase flow patterns with chaotic features [J]. Physical Review E (Statistical, Nonlinear, and Soft Matter Physics), 2010, 82(2): 016210.

[21] GAO Z K, JIN N D. Nonlinear characterization of oil-gas-water three-phase flow in complex networks [J]. Chemical Engineering Science, 2011, 66 (12): 2660-2671.

[22] GAO Z K, JIN N D, YANG D, et al. Complex networks from multivariate time series for characterizing nonlinear dynamics of two-phase flow patterns [J]. Acta Physica Sinica, 2012, 61(12): 855-865.

[23] GAO Z K, JIN N D. Characterization of chaotic dynamic behavior in the gas-liquid slug flow using directed weighted complex network analysis [J]. Physica A: Statistical Mechanics and Its Applications, 2012, 391(10): 3005-3016.

[24] GAO Z K, FANG P C, DING M S, et al. Multivariate weighted complex network analysis for characterizing nonlinear dynamic behavior in two-phase

flow [J]. Experimental Thermal and Fluid Science, 2015(60): 57-64.

[25] GAO Z K, FANG Y X, FANG P C, et al. Multi-frequency complex network from time series for uncovering oil-water flow structure [J]. Scientific Reports, 2015(5): 8222.

[26] 陈学俊, 陈立勋, 周芳德. 气液两相流与传热基础 [M]. 北京: 科学出版社, 1995.

[27] 周云龙, 孙斌, 陈飞. 气液两相流型智能识别理论及方法 [M]. 北京: 科学出版社, 2007.

[28] HEWITT G F. Measurement of two phase flow parameters [M]. London: Acsdemic Press, 1978.

[29] OSHINOWO T, CHARLES M E. Vertical two-phase flow . 1. flow pattern correlations [J]. Canadian Journal of Chemical Engineering, 1974, 52 (1): 25-35.

[30] BAKER O. Simultaneous flow of oil and gas [J]. Oil Gas Journal, 1954, 26(7): 185-195.

[31] GRIFFITH P, WALLIS G B. Two phase slug flow [J]. Journal of Heat Transfer, 1961, 83(3): 307-318.

[32] HEWITT G F, ROBERTS D N. Studies of two-phase flow patterns by simultaneous X-ray and flash photography [R]. UK AEA Res AERE-M2159, 1969.

[33] MANDHANE J M, GREGORY G A, AZIZ K. A flow pattern map for gas-liquid flow in horizontal pipes [J]. International Journal of Multiphase Flow, 1974, 1(4): 537-553.

[34] TAITEL Y, DUKLER A E. A model for prediction flow regime transitions in horizontal and near horizontal gas-liquid flow [J]. Aiche journal, 1976, (22): 27-45.

[35] WEISMAN J, DUNCAN D, GIBSON J, et al. Effects of fluid properties and pipe diameter on 2-phase flow patterns in horizontal lines [J]. International Journal of Multiphase Flow, 1979, 5(6): 437-462.

[36] SPEDDING P L, VAN THANH N. Regime maps for air water two phase flow [J]. Chemical Engineering Science, 1980, 35(4): 831-835.

[37] BARNEA D, SHOHAM O, TAITEL Y. Flow pattern tranistion for downward inclined 2 phase flow-horizontal to vertical [J]. Chemical Engineering Sci-

ence, 1982, 37(5): 735-740.
[38] BARNEA D, SHOHAM O, TAITEL Y. Flow pattern tranistion for vertical downward 2 phase flow [J]. Chemical Engineering Science, 1982, 37(5): 741-744.
[39] MCQUILLAN K W, WHALLEY P B. Flow pattern in vertical 2-phase flow [J]. International Journal of Multiphase Flow, 1985, 11(2): 161-175.
[40] LIN P Y, HANRATTY T J. Effect of pipe diameter on flow patterns for air-water flow in horizontal pipes [J]. International Journal of Multiphase Flow, 1987, 13(4): 549-563.
[41] EWING M E, WEINANDY J J, CHRISTENSEN R N. Observations of two-phase flow patterns in a horizontal circular channel [J]. Heat Transfer Engineering, 1999, 20(1): 9-14.
[42] MOISSIS R. The transition froth slug to homogeneous two phase flow [J]. Journal of Heat Transfer-Transactions of the Asme Ser C, 1963, 85(4): 366-370.
[43] BARNEA D. On the effect of viscosity on stability of stratified gas-liquid flow-application to flow pattern transition at various pipe inclinations [J]. Chemical Engineering Science, 1991, 46(8): 2123-2131.
[44] WALLIS G B. One-dimensional two-phase flow [J]. McGraw-Hill series in industrial engineering and management science, 1969, 65(1): 113-130.
[45] 李广军. 管道内气液两相流界面波特性研究 [D]. 西安: 西安交通大学, 1996.
[46] GOLAN L P, STENNING. Two-phase vertical flow in vertical tubes [J]. Proc Inst Mech Engr, 1970, 184(3C): 105-114.
[47] WEISMAN J, KANG S Y. Flow pattern transitions in vertical and upwardly inclined lines [J]. International Journal of Multiphase Flow, 1981, 7(3): 271-291.
[48] TAITEL Y, BORNEA D, DUKLER A E. Modeling flow pattern transitions for steady upward gas-liquid flow in vertical tubes [J]. Aiche journal, 1980, 26(3): 345-354.
[49] CHEN X T, BRILL J P. Slug to churn transition in upward vertical two-phase flow [J]. Chemical Engineering Science, 1997, 52(23): 4269-4272.

[50] ODDIE G, SHI H, DURLOFSKY L J, et al. Experimental study of two and three phase flows in large diameter inclined pipes [J]. International Journal of Multiphase Flow, 2003, 29(4): 527-558.

[51] 刘夷平, 张华, 王经. 水平气-液两相流伪段塞流和段塞流的识别及其理论预测 [J]. 上海交通大学学报, 2008, 42(8): 1247-1253.

[52] 刘夷平, 王汝金, 陈超,等. 气液两相分层流剪切应力的不确定度分析 [J]. 实验流体力学, 2012, 26(4): 43-47.

[53] FOURAR M, BORIES S. Experimental-study of air-water 2-phase flow-through a fracture (narrow channel) [J]. International Journal of Multiphase Flow, 1995, 21(4): 621-637.

[54] DINH T B, CHOI T S. Application of image processing techniques in air/water two phase flow [J]. Mechanics Research Communications, 1999, 26 (4): 46346-46348.

[55] FORE L B, IBRAHIM B B, BEUS S G. Visual measurements of droplet size in gas-liquid annular flow [J]. International Journal of Multiphase Flow, 2002, 28(12): 1895-1910.

[56] 施丽莲, 蔡晋辉, 周泽魁. 基于图像处理的气液两相流流型识别 [J]. 浙江大学学报(工学版), 2005, 39(8): 1128-1131.

[57] 王振亚, 金宁德, 王淳,等. 基于图像纹理分析的两相流流型时空演化特性 [J]. 化工学报, 2008, 59(5): 1122-1130.

[58] 周云龙, 王红波, 顾杨杨. 基于图像处理的小通道内气液两相流含气率的实验研究 [J]. 热能动力工程, 2012, 27(1): 38-42.

[59] CHEN R C, REESE J. Particle image velocimetry for characterizing the flow structure in stree-dimensional gas-liquid-solid fluidized beds [J]. Chemical Engineering Science, 1992, 47(92): 3615-3622.

[60] LINDKEN R, MERZKIRCH W. Velocity measurement of liquid and gaseous phase for a system of bubbles rising in water [J]. Experiments in Fluids, 2000, 29(S): 194-201.

[61] 许联锋, 陈刚, 李建中,等. 气液两相流中气泡运动速度场的 PIV 分析与研究 [J]. 实验力学, 2002, 17(4): 458-463.

[62] 万甜, 程文, 刘晓辉. 曝气池中气液两相流粒子图像测速技术 [J]. 水利水电科技进展, 2007, 27(6): 99-102.

[63] UNADKAT H, RIELLY C D, HARGRAVE G K, et al. Application of fluo-

rescent PIV and digital image analysis to measure turbulence properties of solid-liquid stirred suspensions [J]. Chemical Engineering Research & Design, 2009, 87(4A): 573-586.

[64] 周云龙, 李洪伟, 刘旭. 粒子图像测速在气液两相流动结构研究中的应用 [J]. 工程热物理学报, 2012, 33(10): 1723-1726.

[65] 刘赵淼, 刘丽昆, 申峰. Y 型微通道两相流内部流动特性 [J]. 力学学报, 2014, 46(2): 209-216.

[66] POPOVICH A T, HUMMEL R L. A new method for non-disturbing turbulent flow measurement very close to a wall [J]. Chemical Engineering Science, 1967, 22(1): 21-25.

[67] KAWAJI M. Two-phase flow measurements using a photochromic dye activation technique [J]. Nuclear Engineering and Design, 1998, 184(2-3): 379-392.

[68] 王磊, 郝金波, 李争起,等. 应用 PDA 测量多重旋转气固两相流流场 [J]. 流体机械, 1999, 27(09): 9-12.

[69] 苏亚欣, 赵丹, 杨翔翔. 水平矩形管中气固两相流的 PDA 实验研究 [J]. 热科学与技术, 2004, 3(3): 219-223.

[70] MAKKAWI Y T, WRIGHT P C. Fluidization regimes in a conventional fluidized bed characterized by means of electrical capacitance tomography [J]. Chemical Engineering Science, 2002, 57(13): 2411-2437.

[71] 董峰, 刘小平, 邓湘,等. 电阻层析成像(ERT)技术在识别两相流流型中的应用 [J]. 自动化仪表, 2002, 23(7): 12-15.

[72] WANG F, YU Z, MARASHDEH Q, et al. Horizontal gas and gas/solid jet penetration in a gas-solid fluidized bed [J]. Chemical Engineering Science, 2010, 65(11): 3394-3408.

[73] 杜运成. 基于电容层析成像技术的气液两相流特性分析 [D]. 天津: 天津大学,2011.

[74] 薛倩, 王化祥, 高振涛. 基于双截面电容层析成像技术的两相流速测量 [J]. 中国电机工程学报, 2012, 32(32): 82-88.

[75] 王献涛. 电阻层析成像技术及其在微通道两相流中的研究 [D]. 秦皇岛: 燕山大学, 2014.

[76] HUBBARD M G, DUKLER A E. The characterization of flow regimes for horizontal two-phase flow: 1. Statistical analysis of wall pressure fluctuations

[C]. Proceedings of the Proc 1966 Heat Transfer & Fluid Meehanies Inst, Stanford, Stanford University Press, 1966.

[77] JONES J R, ZUBER N. The interrelation between void fraction fluctuations and flow patterns in two-phase flow [J]. International Journal of Multiphase Flow, 1975, 2(3): 273-306.

[78] MATUSZKIEWICZ A, FLAMAND J C, BOURE J A. The bubble slug flow pattern transition and the instabilities of void fraction waves [J]. International Journal of Multiphase Flow, 1987, 13(2): 199-217.

[79] 周云龙, 孙斌, 李雅侠. 气液两相流流型压差波动的 PDF 特征 [J]. 仪器仪表学报, 2003, 24(S2): 432-433.

[80] 周云龙, 孙斌, 李岩等. 倾斜下降管内气-液两相流流型 PSD 特征 [J]. 热科学与技术, 2004, 3(2): 129-132.

[81] XIAO R G, KOU J, WEI B Q, et al. Analysis of the PSD and PDF characteristics on typical flow regime of gas-liquid two-phase flow in horizontal pipes [C]. Mechanic Automation and Control Engineering (MACE), 2011 Second International Conference on Mechanic Automation and Control Engineering, 2011: 5592-5597.

[82] 白博峰, 郭烈锦, 陈学俊. 空气-水两相流压差波动研究 [J]. 中国电机工程学报, 2002, 22(3): 23-27.

[83] ALBRECHT R W, CROWE R D, DAILEY D J, et al. Measurement of two-phase flow properties using the nuclear reactor instrument [J]. Progress in Nuclear Energy, 1982 (9): 37-50.

[84] 李海青. 两相流参数检测及应用 [M]. 浙江: 浙江大学, 1991.

[85] RUZICKA M C, DRAHOS J, ZAHRADNIK J, et al. Intermittent transition from bubbling to jetting regime in gas-liquid two phase flows [J]. International Journal of Multiphase Flow, 1997, 23(4): 671-682.

[86] BAKSHI B R, ZHONG H, JIANG P, et al. Analysis of flow in gas-liquid bubble-columns using multiresolution methods [J]. Chemical Engineering Research & Design, 1995, 73(A6): 608-614.

[87] 陈珙, 王保良, 杨江, 等. 基于小波分析的气液两相流流型模糊辨识 [J]. 高校化学工程学报, 1999, 13(4): 303-308.

[88] ELPERIN T, KLOCHKO M. Flow regime identification in a two-phase flow using wavelet transform [J]. Experiments in Fluids, 2002, 32 (6):

674-682.

[89] 黄竹青. 基于小波分析的垂直上升管气液两相流流型的识别 [J]. 中国电机工程学报, 2006, 26(1): 26-29.

[90] 孙斌, 王二朋, 郑永军. 气液两相流波动信号的时频谱分析研究 [J]. 物理学报, 2011, 60(1): 381-388.

[91] 方立德, 张垚, 张万岭等. 基于声发射技术的垂直管气液两相流动检测方法 [J]. 化工学报, 2014, 65(4): 1243-1250.

[92] HE Z, ZHANG D M, CHENG B C, et al. Pressure-fluctuation analysis of a gas-solid fluidized bed using the Wigner distribution [J]. Aiche Journal, 1997, 43(2): 345-356.

[93] 黄海, 黄铁伦, 张卫东. 气固流化床压力脉动信号的 Wigner 谱分析 [J]. 化工学报, 1999, 50(4): 477-482

[94] 劳力云. 基于动态差压信号分析的两相流参数辨识方法研究 [D]. 杭州: 浙江大学, 1998.

[95] 孙斌, 周云龙, 王强. 气液两相间歇流压差波动信号的 Wigner 谱分析 [J]. 仪器仪表学报, 2005, 26(8): 88-89.

[96] 金宁德, 何晓飞, 罗彤. 气液两相流电导传感器测量波动信号的 Wigner-Ville 分析 [J]. 传感器与微系统, 2006, 25(12): 29-31.

[97] HUANG N E, SHEN Z, LONG S R, et al. The empirical mode decomposition and the Hilbert spectrum for nonlinear and non-stationary time series analysis [J]. Proceedings of the Royal Society of London Series a-Mathematical Physical and Engineering Sciences, 1998, 454(1971): 903-995.

[98] DING H, HUANG Z Y, LI H Q. Property of differential pressure fluctuation signal of gas-liquid two-phase flow based on Hilbert-Huang transform [J]. Journal of Chemical Industry and Engineering (China), 2005, 56(12): 2294-2302.

[99] SUN B, ZHANG H J, CHENG L, et al. Flow regime identification of gas-liquid two-phase flow based on HHT [J]. Chinese Journal of Chemical Engineering, 2006, 14(1): 24-30.

[100] SUN B, ZHANG H J. Research on extract and filter of dynamic signal of two-phase flow based on HHT [J]. Chinese Journal of Sensors and Actuators, 2007, 20(4): 862-865.

[101] 孙斌, 周洪亮, 张宏建, 等. 基于 Hilbert-Huang 变换的涡街信号处理方

法［J］. 浙江大学学报(工学版)，2005，39(6)：801-804.

［102］ 孙斌，张宏建. 基于 HHT 的两相流动态信号提取与滤波的研究［J］. 传感技术学报，2007，20(4)：862-865.

［103］ LU P，HAN D，JIANG R X，et al. Experimental study on flow patterns of high-pressure gas-solid flow and Hilbert-Huang transform based analysis［J］. Experimental Thermal and Fluid Science，2013，51(11)：174-182.

［104］ TAN C，DONG F，WU M M. Identification of gas/liquid two-phase flow regime through ERT-based measurement and feature extraction［J］. Flow Measurement and Instrumentation，2007，18(5)：255-261.

［105］ 周云龙，陈飞，孙斌. 基于灰度共生矩阵和支持向量机的气液两相流流型识别［J］. 化工学报，2007，58(9)：2232-2237.

［106］ QI W Z，WU K X，PENG Z R. Flow pattern identification of gas-liquid flow based on the hybrid model of multi-scale information entropy feature and LS-SVM［C］. Proceedings of the Intelligent Control and Automation，2008 7th World Congress on Intelligent Control and Automation，2008：8339-8344.

［107］ JI H F，LONG J，FU Y F，et al. Flow pattern identification based on EMD and LS-SVM for gas-liquid two-phase flow in a minichannel［J］. Ieee Transactions on Instrumentation and Measurement，2011，60(5)：1917-1924.

［108］ WANG Y T，DI S W. A new method for all-around identification of two-phase flow pattern based on SVM and ECT［C］. Proceedings of the 26th Chinese Control and Decision Conference，2014：3268-3273.

［109］ CORRE J M L，ALDORWISH Y，KIM S，et al. Two-phase flow pattern identification using a fuzzy methodology［C］. Proceedings of the Proceedings 1999 International Conference on Information Intelligence and Systems，1999：155-161.

［110］ 孙涛，张宏建，胡赤鹰. 基于模糊逻辑融合算法的气液两相流流型辨识方法［J］. 仪器仪表学报，2001，22(S1)：293-294.

［111］ RAHMAT M F，KAMARUDDIN N S. Application of fuzzy logic and electrodynamic sensors as flow pattern identifier［J］. Sensor Review，2012，32(2)：123-133.

［112］ MI Y，ISHII M，TSOUKALAS L H. Flow regime identification methodology with neural networks and two-phase flow models [J]. Nuclear Engineering and Design, 2001, 204(1): 87-100.

[113] YAN H, LIU Y H, LIU C T. Identification of flow regimes using back-propagation networks trained on simulated data based on a capacitance tomography sensor [J]. Measurement Science & Technology, 2004, 15(2): 432-436.

[114] SHARMA H, DAS G, SAMANTA A N. ANN-based prediction of two-phase gas-liquid flow patterns in a circular conduit [J]. Aiche journal, 2006, 52(9): 3018-3028.

[115] 周云龙, 王强, 孙斌, 等. 基于希尔伯特-黄变换与 Elman 神经网络的气液两相流流型识别方法 [J]. 中国电机工程学报, 2007, 27(11): 50-56.

[116] TAMBOURATZIS T, PAZSIT I. A general regression artificial neural network for two-phase flow regime identification [J]. Annals of Nuclear Energy, 2010, 37(5): 672-680.

[117] HU H L, ZHANG J, DONG J, et al. Identification of gas-solid two-phase flow regimes using hilbert-huang transform and neural-network techniques [J]. Instrumentation Science & Technology, 2011, 39(2): 198-210.

[118] GHOSH S, PRATIHAR D K, MAITI B, et al. Identification of flow regimes using conductivity probe signals and neural networks for counter-current gas-liquid two-phase flow [J]. Chemical Engineering Science, 2012, 84(52): 417-436.

[119] DAW C S, LAWKINS W F, DOWNING D J, et al. Chaotic characteristics of a complex gas-solids flow [J]. Physical Review A, 1990, 41(2): 1179-1181.

[120] LAWKINS W F, DAW C S, DOWNING D J, et al. Role of low-pass filtering in the process of attractor reconstruction from experimental chaotic time-series [J]. Physical Review E, 1993, 47(4): 2520-2535.

[121] DAW C S, FINNEY C E A, VASUDEVAN M, et al. Self-organization and chaos in a fluidized-bed [J]. Physical Review Letters, 1995, 75(12): 2308-2311.

[122] 顾丽莉, 石炎福, 余华瑞. 气液两相流中压力波动信号的混沌分析 [J]. 化学反应工程与工艺, 1999, 15(4): 428-434.

[123] 金宁德, 聂向斌, 任英玉,等. 基于 Kolmogorov 熵时间序列分析的垂直上升管中油水两相流流型表征 [J]. 化工学报, 2003, 54(7): 936-941.

[124] 金宁德, 陈万鹏. 混沌递归分析在油水两相流流型识别中的应用 [J]. 化工学报, 2006, 57(2): 274-280.

[125] 金宁德, 郑桂波, 陈万鹏. 气液两相流电导波动信号的混沌递归特性分析 [J]. 化工学报, 2007, 58(5): 1172-1179.

[126] 肖楠, 金宁德. 基于混沌吸引子形态特性的两相流流型分类方法研究 [J]. 物理学报, 2007, 56(9): 5149-5157.

[127] 宗艳波, 金宁德, 马文衡,等. 油水两相流流型混沌吸引子形态特性 [J]. 化工学报, 2008, 59(4): 851-858.

[128] 宗艳波, 金宁德, 王振亚,等. 倾斜油水两相流流型混沌吸引子形态周界测度分析 [J]. 物理学报, 2009, 58(11): 7544-7551.

[129] 孙斌, 周云龙. 水平管内空气-水两相流流型的混沌特征 [J]. 哈尔滨工业大学学报, 2006, 38(11): 1963-1967.

[130] 李洪伟, 周云龙, 孙斌,等. 气液两相流的多尺度混沌特性分析 [J]. 中国化学工程学报(英文版), 2010, 18(5): 880-888.

[131] 白博峰, 郭烈锦, 陈学俊. 空气水两相流压力波动现象非线性分析 [J]. 工程热物理学报, 2001, 22(3): 359-362.

[132] 杨靖, 郭烈锦. 气液两相流压差信号的非线性分析 [J]. 中国电机工程学报, 2002, 22(7): 134-139.

[133] HE T T, ZHONG W Q, JIN B S, et al. Application of kolmogorov entropy in analysis of flow patterns in three-phase bubble column [J]. Journal of Engineering Thermophysics, 2014, 35(9): 1780-1784.

[134] 洪文鹏, 滕飞宇, 刘燕. 管束间气液两相流绕流压差波动信号的复杂性及混沌形态分析 [J]. 化工自动化及仪表, 2013, 40(2): 207-211.

[135] 孙斌, 许明飞, 段晓松. 水平管内气液两相泡状流的多尺度分形分析 [J]. 中国电机工程学报, 2011, 31(14): 77-83.

[136] 赵俊英, 金宁德. 两相流相空间多元图重心轨迹动力学特征 [J]. 物理学报, 2012, 61(9): 333-340.

[137] 何大韧, 刘宗华, 汪秉宏. 复杂系统与复杂网络 [M]. 北京: 高等教育出版社, 2009.

[138] SCHWEITZER F, FAGIOLO G, SORNETTE D, et al. Economic networks: the new challenges [J]. Science, 2009, 325(5939): 422-425.

[139] QIAO Y Y, YANG J, LEI Z M. Structural analysis of complex networks from the mobile internet [C]. Proceedings of the Information and Communications Technology 2013, National Doctoral Academic Forum on IET 2013: 1-7.

[140] BRODER A, KUMAR R, MAGHOUL F, et al. Graph structure in the Web: Experiments and models [J]. Computer Networks-the International Journal of Computer and Telecommunications Networking, 2000, 33(16): 309-320.

[141] CHEN Q, CHANG H, GOVINDAN R, et al. The origin of power laws in Internet topologies revisited [J]. Ieee Infocom, 2002(2): 608-617.

[142] SHEN D, LI J H, ZHANG Q, et al. Interlacing layered complex networks [J]. Acta Physica Sinica, 2014, 63(19): 9-18.

[143] ALBERT R, JEONG H, BARABASI A L. Internet-diameter of the world-wide web [J]. Nature, 1999, 401(6749): 130-131.

[144] BARABASI A L, ALBERT R, JEONG H. Scale-free characteristics of random networks: the topology of the world-wide web [J]. Physica A, 2000, 281(1-4): 69-77.

[145] ALBERT R, ALBERT I, NAKARADO G L. Structural vulnerability of the North American power grid [J]. Physical Review E, 2004, 69(2): 292-313.

[146] CRUCITTI P, LATORA V, MARCHIORI M. A topological analysis of the Italian electric power grid [J]. Physica A: Statistical Mechanics and Its Applications, 2004, 338(1): 92-97.

[147] CARRERAS B A, LYNCH V E, DOBSON I, et al. Critical points and transitions in an electric power transmission model for cascading failure blackouts [J]. Chaos, 2002, 12(4): 985-994.

[148] INNOCENTI A, MARINI L, MELI E, et al. Development of a wear model for the analysis of complex railway networks [J]. Wear, 2013, 309(1-2): 174-191.

[149] LI W, CAI X. Empirical analysis of a scale-free railway network in China [J]. Physica A Statistical Mechanics & Its Applications, 2007, 382(2): 693-703.

[150] SOH H, LIM S, ZHANG T Y, et al. Weighted complex network analysis of

travel routes on the Singapore public transportation system [J]. Physica A: Statistical Mechanics and Its Applications, 2010, 389(24): 5852-5863.

[151] ZHANG W, XU D. Evolving model for the complex traffic and transportation network considering self-growth situation [J]. Discrete Dynamics in Nature and Society, 2012, 37(10): 1887-1911.

[152] LIN J Y, BAN Y F. Complex network topology of transportation systems [J]. Transport Reviews, 2013, 33(6): 658-685.

[153] ZHAO H, GAO Z Y. Generalized shortest path and traffic equilibrium in complex transportation networks [J]. Modern Physics Letters B, 2007, 21(20): 1343-1349.

[154] SHEN B, GAO Z Y. Dynamical properties of transportation on complex networks [J]. Physica A, 2008, 387(5): 1352-1360.

[155] LIU X D, WU C W, DING D W. The structure and function of complex Halobacterium salinarum metabolic network [J]. International Journal of the Physical Sciences, 2010, 5(11): 1744-1751.

[156] TUCKER C L, GERA J F, UETZ P. Towards an understanding of complex protein networks [J]. Trends in Cell Biology, 2001, 11(3): 102-106.

[157] MASHAGHI A, RAMEZANPOUR A, KARIMIPOUR V. Structural properties of Saccharomyces cerevisiae protein complex network [J]. Biophysical Journal, 2004, 86(1): 605A.

[158] MASHAGHI A R, RAMEZANPOUR A, KARIMIPOUR V. Investigation of a protein complex network [J]. European Physical Journal B, 2004, 41(1): 113-121.

[159] HUXHAM M, BEANEY S, RAFFAELLI D. Do parasites reduce the chances of triangulation in a real food web? [J]. Oikos, 1996, 76(2): 284-300.

[160] ZOFFMANN S, BERTRAND S, DO Q T, et al. Topological analysis of the complex formed between neurokinin A and the NK2 tachykinin receptor [J]. Journal of Neurochemistry, 2007, 101(2): 506-516.

[161] STAM C J. Functional connectivity patterns of human magnetoencephalographic recordings: a "small-world" network? [J]. Neuroscience Letters, 2004, 355(1-2): 25-28.

[162] PONTEN S C, DOUW L, BARTOLOMEI F, et al. Indications for network

regularization during absence seizures: Weighted and unweighted graph theoretical analyses [J]. Experimental Neurology, 2009, 217(1): 197-204.

[163] RUTTER L, NADAR S R, HOLROYD T, et al. Graph theoretical analysis of resting magnetoencephalographic functional connectivity networks [J]. Frontiers in Computational Neuroscience, 2013, 7(4): 93.

[164] TAN A M, ZHAO S X, YE F Y. Characterizing the funded scientific collaboration network [J]. Current Science, 2012, 103(11): 1261-1262.

[165] CAVUSOGLU A, TURKER I. Scientific collaboration network of Turkey [J]. Chaos Solitons & Fractals, 2013, 57(2013): 9-18.

[166] KE Q, AHN Y Y. Tie strength distribution in scientific collaboration networks [J]. Physical Review E (Statistical, Nonlinear, and Soft Matter Physics), 2014, 90(3): 109-127.

[167] NEWMAN M E J. The structure of scientific collaboration networks [J]. Proceedings of the National Academy of Sciences of the United States of America, 2001, 98(2): 404-409.

[168] EBEL H, MIELSCH L I, BORNHOLDT S. Scale-free topology of e-mail networks [J]. Physical Review E, 2002, 66(3): 1162-1167.

[169] NEWMAN M E J, FORREST S, BALTHROP J. Email networks and the spread of computer viruses [J]. Physical Review E, 2002, 66(3): 1163-1167.

[170] WANG Y Q, WANG J, YANG H B. An evolution model of microblog user relationship networks based on complex network theory [J]. Acta Physica Sinica, 2014, 63(20): 408-414.

[171] VAZQUEZ A, PASTOR-SATORRAS R, VESPIGNANI A. Large-scale topological and dynamical properties of the Internet [J]. Physical Review E, 2002, 65(6): 104-130.

[172] GIRVAN M, NEWMAN M E J. Community structure in social and biological networks [J]. Proceedings of the National Academy of Sciences of the United States of America, 2002, 99(12): 7821-7826.

[173] PREVOSTI F J, PEREIRA J A. Community structure of south american carnivores in the past and present [J]. Journal of Mammalian Evolution, 2014, 21(4): 363-368.

[174] TUNC I, SHAW L B. Effects of community structure on epidemic spread in

an adaptive network [J]. Physical Review E, 2014, 90(2): 022801.

[175] DORRIAN H, BORRESEN J, AMOS M. Community structure and multi-modal oscillations in complex networks [J]. Plos One, 2013, 8 (10): e75569.

[176] FALLANI F D V, CHESSA A, VALENCIA M, et al. Community structure in large-scale cortical networks during motor acts [J]. Chaos Solitons & Fractals, 2012, 45(5): 603-610.

[177] NADAKUDITI R R, NEWMAN M E J. Graph spectra and the detectability of community structure in networks [J]. Physical Review Letters, 2012, 108(18): 1002-1006.

[178] ZHOU M Y, CAI S M, FU Z Q. Traffic dynamics in scale-free networks with tunable strength of community structure [J]. Physica A: Statistical Mechanics and Its Applications, 2012, 391(4): 1887-1893.

[179] DUNNE J A, WILLIAMS R J, MARTINEZ N D. Food-web structure and network theory: The role of connectance and size [J]. Proceedings of the National Academy of Sciences of the United States of America, 2002, 99 (20): 12917-12922.

[180] ALLESINA S, PASCUAL M. Network structure, predator-prey modules, and stability in large food webs [J]. Theoretical Ecology, 2008, 1(1): 55-64.

[181] LIU Z H, LAI Y C, YE N, et al. Connectivity distribution and attack tolerance of general networks with both preferential and random attachments [J]. Physics Letters A, 2002, 303(5-6): 337-344.

[182] LI X, CHEN G R. A local-world evolving network model [J]. Physica A: Statistical Mechanics and Its Applications, 2003, 328(1-2): 274-286.

[183] BARRAT A, BARTHELEMY M, VESPIGNANI A. Weighted evolving networks: Coupling topology and weight dynamics [J]. Physical Review Letters, 2004, 92(22): 228701.

[184] HOLME P, KIM B J. Growing scale-free networks with tunable clustering [J]. Physical Review E, 2002, 65(2): 95-129.

[185] JIN E M, GIRVAN M, NEWMAN M E J. Structure of growing social networks [J]. Physical Review E, 2001, 64(4): 322-333.

[186] GROSS T, D'LIMA C J D, BLASIUS B. Epidemic dynamics on an adap-

tive network [J]. Physical Review Letters, 2006, 96(20): 208701.

[187] ZHOU T, YAN G, WANG B H. Maximal planar networks with large clustering coefficient and power-law degree distribution [J]. Physical Review E, 2005, 71(4): 046141.

[188] LU L, LI C R, Wang Y, et al. Spatiotemporal chaos synchronization between uncertain complex networks with diverse structures [J]. Nonlinear Dynamics, 2014, 78(2): 1079-1085.

[189] AN X L, ZHANG L, LI Y z, et al. Synchronization analysis of complex networks with multi-weights and its application in public traffic network [J]. Physica A: Statistical Mechanics and its Applications, 2014, 412 (10): 149-156.

[190] HE P, ZHANG Q L, JING C G, et al. Robust exponential synchronization for neutral complex networks with discrete and distributed time-varying delays: A descriptor model transformation method [J]. Optimal Control Applications & Methods, 2014, 35(6): 676-695.

[191] YANG X S. Fractals in small-world networks with time-delay [J]. Chaos, Solitons and Fractals, 2002, 13(2): 215-219.

[192] GUIDA M, MARIA F. Topology of the italian airport network: a scale-free small-world network with a fractal structure? [J]. Chaos Solitons & Fractals, 2007, 31(3): 527-536.

[193] DOMENECH A. A topological phase transition between small-worlds and fractal scaling in urban railway transportation networks? [J]. Physica A: Statistical Mechanics and Its Applications, 2009, 388(21): 4658-4668.

[194] ROZENFELD H D, SONG C M, MAKSE H A. Small-world to fractal transition in complex networks: a renormalization group approach [J]. Physical Review Letters, 2010, 104(2): 358-359.

[195] GALLOS L K, POTIGUAR F Q, ANDRADE J S J, et al. Imdb network revisited: unveiling fractal and modular properties from a typical small-world network [J]. Plos One, 2013, 8(6): e66443.

[196] LIN M, CHEN T L. Self-organized criticality and synchronization in a pulse-coupled integrate-and-fire neuron model based on small world networks [J]. Communications in Theoretical Physics, 2005, 43 (3): 466-470.

[197] MENG Q K. Self-organized criticality in small-world networks based on the social balance dynamics [J]. Chinese Physics Letters, 2011, 28(11): 2510-2513.

[198] ZHUO Z, M C S, FU Z Q, et al. Self-organized emergence of navigability on small-world networks [J]. New Journal of Physics, 2011, 13(5): 407-470.

[199] ZHAO H J, ZHOU J, ZHANG A H, et al. Self-organizing ising model of artificial financial markets with small-world network topology [J]. Europhysics Letters, 2013, 101(1): 18001-18006.

[200] HONG H, KIM B J, CHOI M Y. Stochastic resonance in the driven Ising model on small-world networks [J]. Physical Review E, 2002, 66(1): 101-121.

[201] PERC M. Stochastic resonance on excitable small-world networks via a pacemaker [J]. Physical Review E, 2007, 76(6): 75-80.

[202] DAN W, SHIQUN Z, XIAOQIN L, et al. Effects of adaptive coupling on stochastic resonance of small-world networks [J]. Physical Review E (Statistical, Nonlinear, and Soft Matter Physics), 2011, 84(2): 021102.

[203] YU H T, WANG J, LIU C, et al. Stochastic resonance in coupled small-world neural networks [J]. Acta Physica Sinica, 2012, 61(6): 485.

[204] YU H T, GUO X M, WANG J, et al. Effects of spike-time-dependent plasticity on the stochastic resonance of small-world neuronal networks [J]. Chaos, 2014, 24(3): 5880-5885.

[205] CHEN G R. Pinning control and synchronization on complex dynamical networks [J]. International Journal of Control Automation and Systems, 2014, 12(2): 221-230.

[206] LIU P P, DENG Z G, YANG L, et al. Network approach to the pinning control of drift-wave turbulence [J]. Physical Review E (Statistical, Nonlinear, and Soft Matter Physics), 2014, 89(6): 062918.

[207] CAI S M, ZHOU P P, LIU Z R. Pinning synchronization of hybrid-coupled directed delayed dynamical network via intermittent control [J]. Chaos, 2014, 24(3): 146-149.

[208] YU C B, QIN J H, GAO H J. Cluster synchronization in directed networks of partial-state coupled linear systems under pinning control [J]. Automati-

ca, 2014, 50(9): 2341-2349.

[209] PEI S, MAKSE H A. Spreading dynamics in complex networks [J]. Journal of Statistical Mechanics: Theory and Experiment, 2013, 202(12): 131-136.

[210] WANG W, TANG M, ZHANG H F, et al. Epidemic spreading on complex networks with general degree and weight distributions [J]. Physical Review E, 2014, 90(4): 042803.

[211] ZHANG J, SMALL M. Complex network from pseudoperiodic time series: Topology versus dynamics [J]. Physical Review Letters, 2006, 96(23): 238701.

[212] YANG Y, YANG H J. Complex network-based time series analysis [J]. Physica A, 2008, 387(5): 1381-1386.

[213] MARWAN N, DONGES J F, ZOU Y, et al. Complex network approach for recurrence analysis of time series [J]. Physics Letters A, 2009, 373(46): 4246-4254.

[214] DONNER R V, ZOU Y, DONGES J F, et al. Recurrence networks—a novel paradigm for nonlinear time series analysis [J]. New Journal of Physics, 2010, 12(2): 129-132.

[215] DONNER R V, SMALL M, DONGES J F, et al. Recurrence-based time series analysis by means of complex network methods [J]. International Journal of Bifurcation and Chaos, 2011, 21(4): 1019-1046.

[216] AVILA R G M, WESSEL N. Classification of cardiovascular time series based on different coupling structures using recurrence networks analysis [J]. Philosophical transactions Series A, Mathematical, physical, and engineering sciences, 2013, 371(1997): 618.

[217] ZHOU Y W, LIU J L, YU Z G, et al. Fractal and complex network analyses of protein molecular dynamics [J]. Physica A: Statistical Mechanics and its Applications, 2014, 416(1): 21-32.

[218] XU X K, ZHANG J, SMALL M. Superfamily phenomena and motifs of networks induced from time series [J]. Proceedings of the National Academy of Sciences of the United States of America, 2008, 105(50): 19601-19605.

[219] RODRIGUES A C, MACHADO B S, FLORENCE G, et al. Brain network

dynamics characterization in epileptic seizures [J]. European Physical Journal-Special Topics, 2014, 223(13): 2933-2941.

[220] TEWARIE P, VAN DELLEN E, HILLEBRAND A, et al. The minimum spanning tree: An unbiased method for brain network analysis [J]. Neuroimage, 2015, 104: 177-188.

[221] 白博峰, 郭烈锦, 陈学俊. 气液两相流压力波动特性 [J]. 水动力学研究与进展(A辑), 2003, 18(4): 476-482.

[222] 白博峰, 郭烈锦, 陈学俊. 基于反传神经网络和压差波动识别气液两相流流型 [J]. 化工学报, 2000, 51(6): 848-852.

[223] 金宁德, 董芳, 赵舒. 气液两相流电导波动信号复杂性测度分析及其流型表征 [J]. 物理学报, 2007, 56(2): 720-729.

[224] 周云龙, 王强, 孙斌,等. 基于希尔伯特-黄变换与Elman神经网络的气液两相流流型识别方法 [J]. 中国电机工程学报, 2007, 27(11): 50-56.

[225] TUTU N K. Pressure-fluctuations and flow pattern-recognition in vertical 2 phase gas-liquid flows [J]. International Journal of Multiphase Flow, 1982, 8(4): 443-447.

[226] 徐济鋆. 沸腾传热和气液两相流 [M]. 北京:原子能出版社, 1993.

[227] BIESHEUVEL A, GORISSEN W C M. Void fraction disturbances in a uniform bubbly fluid [J]. International Journal of Multiphase Flow, 1990, 16(2): 211-231.

[228] 孙涛. 基于数据融合技术的两相流流型辨识与流量测量方法研究 [D]. 杭州: 浙江大学, 2002.

[229] 劳力云, 张宏建, 吴应湘,等. 水平管道气液两相流中空隙率对动态压降信号的影响 [J]. 化工学报, 2000, 51(4): 547-551.

[230] 崔锦泰. 小波分析导论 [M]. 西安: 西安交通大学出版社, 1995.

[231] 陈珙, 黄志尧, 王保良,等. 小波变换辨识流型的一种新方法研究 [J]. 仪器仪表学报, 1999(2): 117-120.

[232] 孙斌. 基于小波和混沌理论的气液两相流流型智能识别方法 [D]. 保定: 华北电力大学, 2005.

[233] 李俊奎. 时间序列相似性问题研究 [D]. 武汉: 华中科技大学, 2008.

[234] 严蔚敏, 吴伟民. 数据结构 [M]. 北京: 清华大学出版社, 1992.

[235] CORMEN T H, C S, RIVEST R L, et al. Introduction to algorithms [M].

McGraw-Hill Higher Education, 2001.

[236] COSTA L D F, RODRIGUES F A, TRAVIESO G, et al. Characterization of complex networks: A survey of measurements [J]. Advances in Physics, 2007, 56(1): 167-242.

[237] BULLMORE E T, SPORNS O. Complex brain networks: graph theoretical analysis of structural and functional systems [J]. Nature Reviews Neuroscience, 2009, 10(3): 186-198.

[238] PASTOR-SATORRAS R, VAZQUEZ A, VESPIGNANI A. Dynamical and correlation properties of the Internet [J]. Physical Review Letters, 2001, 87(25): 258701.

[239] LI W, CAI X. Statistical analysis of airport network of China [J]. Physical Review E, 2004, 69(4): 046106.

[240] LIN J Y. Network analysis of China's aviation system, statistical and spatial structure [J]. Journal of Transport Geography, 2012(22): 109-117.

[241] MUKHERJEE S. Statistical analysis of the road network of India [J]. Pramana-Journal of Physics, 2012, 79(3): 483-491.

[242] PAPADOPOULOS F, PSOMAS C, KRIOUKOV D. Replaying the geometric growth of complex networks and application to the as internet [J]. Performance Evaluation Review, 2012, 40(3): 104-106.

[243] GARCIA-ROBLEDO A, DIAZ-PEREZ A, MORALES-LUNA G, et al. Correlation analysis of complex network metrics on the topology of the internet [C]. 2013 10th International Conference and Expo on Emerging Technologies for a Smarter World (CEWIT), 2013: 1-6.

[244] GAN C Q, YANG X F, LIU W P, et al. Propagation of computer virus both across the Internet and external computers: A complex-network approach [J]. Communications in Nonlinear Science and Numerical Simulation, 2014, 19(8): 2785-2792.

[245] LI X, ZHU Q. A new MANET accessing internet method based on complex network [J]. Advanced Materials Research, 2014, 886: 668-672.

[246] NEWMAN M E J. The structure and function of complex networks [J]. Siam Review, 2003, 45(2): 167-256.

[247] KAHNG B, GOH K I, LEE D S, et al. Complex networks: structure and dynamics [J]. Sae Mulli, 2004, 48(2): 115-141.

[248] NAWRATH C. Unraveling the complex network of cuticular structure and function [J]. Current Opinion in Plant Biology, 2006, 9(3): 281-287.

[249] NEWMAN M E J. Assortative mixing in networks [J]. Physical Review Letters, 2002, 89(20): 111-118.

[250] NEWMAN M E J. Mixing patterns in networks [J]. Physical Review E, 2003, 67(2): 241-251.

[251] ZHOU S, Mondragon R J. Accurately modeling the internet topology [J]. Physical Review E (Statistical, Nonlinear, and Soft Matter Physics), 2004, 70(6): 66108.

[252] SHANNON C E. A mathematical theory of communication [J]. Bell System Technical Journal, 1948, 27(3): 379-423.

[253] ERDOS P, RENYI A. On the evolution of random graphs [J]. Bulletin of the International Statistical Institute, 1960, 38(4): 343-347.

[254] QI Y, DOLGUSHEV M, ZHANG Z. Dynamics of semiflexible recursive small-world polymer networks [J]. Scientific Reports, 2014, 4: 7576.

[255] SONG H F, WANG X J. Simple, distance-dependent formulation of the Watts-Strogatz model for directed and undirected small-world networks [J]. Physical Review E, 2014, 90(6): 062801.

[256] ZHANG Y F, XIAO R B. Synchronization of Kuramoto oscillators in small-world networks [J]. Physica A: Statistical Mechanics and its Applications, 2014, 416(1): 33-40.

[257] WANG X F. Synchronization in small-world dynamical networks [J]. International Journal of Bifurcation and Chaos in Applied Sciences and Engineering, 2002, 12(1): 187-192.

[258] ZEKRI N, CLERC J P. Statistical and dynamical study of disease propagation in a small world network [J]. Physical Review E, 2001, 64(5): 1725-1732.

[259] HERRERO C P. Ising model in small-world networks [J]. Physical Review E, 2002, 65(6): 104-130.

[260] KUPERMAN M, ZANETTE D. Stochastic resonance in a model of opinion formation on small-world networks [J]. European Physical Journal B, 2002, 26(3): 387-391.

[261] NEWMAN M E J, WATTS D J. Scaling and percolation in the small-world

network model [J]. Physical Review E, 1999, 60(6): 7332-7342.

[262] NEWMAN M E J, WATTS D J. Renormalization group analysis of the small-world network model [J]. Physics Letters A, 1999, 263(4-6): 341-346.

[263] BARRAT A, WEIGT M. On the properties of small-world network models [J]. European Physical Journal B, 2000, 13(3): 547-560.

[264] MOORE C, NEWMAN M E J. Exact solution of site and bond percolation on small-world networks [J]. Physical Review E, 2000, 62(5): 7059-7064.

[265] LETZEL H M, SCHOUTEN J C, KRISHNA R, et al. Characterization of regimes and regime transitions in bubble columns by chaos analysis of pressure signals [J]. Chemical Engineering Science, 1997, 52(24): 4447-4459.

[266] WANG S F, MOSDORF R, SHOJI M. Nonlinear analysis on fluctuation feature of two-phase flow through a T-junction [J]. International Journal of Heat and Mass Transfer, 2003, 46(9): 1519-1528.

[267] JADE A M, JAYARAMAN V K, KULKARNI B D, et al. A novel local singularity distribution based method for flow regime identification: gas-liquid stirred vessel with Rushton turbine [J]. Chemical Engineering Science, 2006, 61(2): 688-697.

[268] LIANG Q, ZHOU H L, ZHANG H J, et al. Fluctuation coefficient of gas-liquid two-phase flow and its application in flow pattern identification [J]. Zhejiang Daxue Xuebao (Gongxue Ban)/Journal of Zhejiang University (Engineering Science), 2007, 41(11): 1810-1815.

[269] HONG W P, TENG F Y. The flow pattern and differential pressure fluctuations of transition flow across tube bundles [J]. Energy Procedia, 2012, 17(1): 1507-1512.

[270] 王强. 基于小波和希尔伯特-黄变换的气液两相流流型智能识别方法[D]. 吉林: 东北电力大学, 2007.

[271] MATSUI G. Automatic identification of flow regime in vertical two-phase flow using differential pressure fluctuations [J]. Nuclear Engineering and Design, 1986, 95(86): 221-231.

[272] 吴浩江, 胡志华, 周芳德. 改进 BP 神经网络在流型智能识别中的应用

[J]. 西安交通大学学报, 2000, 34(1): 22-25.

[273] 刘彤. 基于动态差压信号的气液两相流特性研究 [D]. 杭州:中国计量学院, 2014.

[274] 陈珙, 黄志尧, 王保良,等. 小波变换辨识流型的一种新方法研究 [J]. 仪器仪表学报, 1999, 20(2): 117-120.

[275] LAO L Y, ZHANG H J, LI H Q. The relationships between the WVD characteristics of pressure drop and gas liquid two-phase flow patterns in horizontal pipeline [C]. Development of Measuring Techniques for Multiphase Flows,1998.

[276] 郑君里, 应启珩, 杨为理. 信号与系统 [M]. 北京: 高等教育出版社, 2000.

[277] BOUDRAA A O, CEXUS J C. EMD-Based signal filtering [J]. Ieee Transactions on Instrumentation and Measurement, 2007, 56 (6): 2196-2202.

[278] DING H, HUANG Z, SONG Z, et al. Hilbert-Huang transform based signal analysis for the characterization of gas-liquid two-phase flow [J]. Flow Measurement and Instrumentation, 2007, 18(1): 37-46.

[279] 孙斌, 周云龙, 向新星,等. 基于经验模式分解和概率神经网络的气液两相流识别 [J]. 中国电机工程学报, 2007, 27(17): 72-77.

[280] NEWMAN M E J. Models of the small world [J]. Journal of Statistical Physics, 2000, 101(3-4): 819-841.

[281] NEWMAN M E J. Fast algorithm for detecting community structure in networks [J]. Physical Review E, 2004, 69(6): 321-330.

[282] FREY B J, DUECK D. Clustering by passing messages between data points [J]. Science, 2007, 315(5814): 972-976.

[283] ZACHARY W W. Information-flow model for conflict and fission in small-groups [J]. Journal of Anthropological Research, 1977, 33(4): 452-473.

[284] RHO K, JEONG H, KAHNG B. Identification of lethal cluster of genes in the yeast transcription network [J]. Physica A:Statistical Mechanics and Its Applications, 2006, 364:557–564.

[285] 马丽萍. 循环流化床波动信号的非线性分析 [D]. 成都: 四川大学, 2002.

[286] 王东生. 混沌分形及其应用 [M]. 合肥:中国科学技术大学出版

社，1995.

[287] KENNEL M B, BROWN R, ABARBANEL H D I. Determining embedding dimension for phase-space reconstruction using a geometrical construction [J]. Physical Review A, 1992, 45(6): 3403-3411.

[288] KIM H S, EYKHOLT R, SALAS J D. Nonlinear dynamics, delay times, and embedding windows [J]. Physica D, 1999, 127(1-2): 48-60.

[289] FRASER A M, SWINNEY H L. Independent coordinates for strange attractors from mutual information [J]. Physical Review A, 1986, 33(2): 1134-1140.

[290] LIEBERT W, SCHUSTER H G. Proper choice of the time-delay for the analysis of chaotic time-series [J]. Physics Letters A, 1989, 142(2-3): 107-111.

[291] AKAISHI A, SHUDO A. Accumulation of unstable periodic orbits and the stickiness in the two-dimensional piecewise linear map [J]. Physical Review E, 2009, 80(6): 2409-2418.

[292] CROFTS J J, DAVIDCHACK R L. On the use of stabilizing transformations for detecting unstable periodic orbits in high-dimensional flows [J]. Chaos, 2009, 19(3): 119-139.

[293] 吴淑花，郝建红，许海波. Controlling chaos to unstable periodic orbits and equilibrium state solutions for the coupled dynamos system [J]. 中国物理B(英文版), 2010, 19(2): 149-156.

[294] LINDNER J F, LYNN J, KING F W, et al. Order and chaos in the rotation and revolution of a line segment and a point mass [J]. Physical Review E, 2010, 81(3): 227-248.